ANIMAUX FOSSILES

ET

GÉOLOGIE DE L'ATTIQUE

ATLAS

Paris. — Imprimerie de E. Martinet, rue Mignon, 2

ANIMAUX FOSSILES

ET

GÉOLOGIE DE L'ATTIQUE

D'APRÈS

LES RECHERCHES FAITES EN 1855-56 ET EN 1860

SOUS LES AUSPICES DE L'ACADÉMIE DES SCIENCES

PAR

ALBERT GAUDRY

———⊰•○•⊱———

ATLAS

———⊰•○•⊱———

PARIS

F. SAVY, ÉDITEUR

LIBRAIRE DE LA SOCIÉTÉ GÉOLOGIQUE DE FRANCE

RUE HAUTEFEUILLE, 24.

1862-1867

LISTE DES PLANCHES.

Planche I.	Mesopithecus Pentelici. . . . . Les explications ont été données page	33
Pl. II.	Id.	34
Pl. III.	Id.	35
Pl. IV.	Id.	35
Pl. V.	Id.	36
Pl. VI, fig. 1, 2.	Metarctos (Simocyon) diaphorus.	42
— fig. 3, 4.	Mustela Pentelici.	45
— fig. 5, 6, 7.	Promephitis Lartetii.	52
Pl. VII.	Ictitherium robustum.	65
Pl. VIII.	Id.	66
Pl. IX.	Id.	66
Pl. X.	Id.	67
Pl. XI.	Ictitherium Orbignyi.	79
Pl. XII, fig. 1, 2, 3.	Ictitherium hipparionum.	73
— fig. 4, 5, 6.	Ilyæna eximia.	90
Pl. XIII.	Id.	91
Pl. XIV.	Id.	91
Pl. XV, fig. 1-5.	Ilyæna (Lycyæna) Chærctis.	94
— fig. 6, 7, 8. . . .	Ilyænictis græca.	104
Pl. XVI.	Machærodus cultridens.	115
Pl. XVII.	Diverses espèces de la famille des chats.	121
Pl. XVIII.	Hystrix primigenia.	127
Pl. XIX.	Ancylotherium Pentelici.	140
Pl. XX.	Id.	141
Pl. XXI.	Id.	141
Pl. XXII.	Mastodon Pentelici.	151
Pl. XXIII.	Id.	151
Pl. XXIV.	Mastodon turicensis.	159
Pl. XXV.	Dinotherium.	174
Pl. XXVI.	Rhinoceros pachygnathus.	799
Pl. XXVII.	Id.	200
Pl. XXVIII.	Id.	200
Pl. XXIX.	Id.	201
Pl. XXX.	Id.	201
Pl. XXXI.	Id.	202
Pl. XXXII.	Rhinoceros Schleiermacheri.	203
Pl. XXXIII, fig. 1, 2, 3. .	Grand rhinocéros? d'espèce inconnue.	211

LISTE DES PLANCHES.

Pl. XXXIII, fig. 4, 5. . . . Rhinocéros de petite taille. . Les explications ont été données page 214
— fig. 6. . . . . Acerotherium ?. 214
Pl. XXXIV, fig. 1, 2. . . . Leptodon græcus. 218
— fig. 3-7. . . . Hipparion gracile. 233
Pl. XXXV. . . . . Id. 233
Pl. XXXVI. . . . . Id. 234
Pl. XXXVII. . . . . Sus erymanthius. 243
Pl. XXXVIII. . . . . Id. 243
Pl. XXXIX. . . . . Id. 244
Pl. XL. . . . . Camelopardalis attica. 257
Pl. XLI. . . . . Helladotherium Duvernoyi. 262
Pl. XLII. . . . . Id. 263
Pl. XLIII . . . . Id. 263
Pl. XLIV. . . . . Id. 264
Pl. XLV. . . . . Palæotragus Roueni. 267
Pl. XLVI. . . . . Grand ruminant dont le genre n'a pas encore été déterminé. 270
Pl. XLVII, fig. 1-5. . . . Palæoryx Pallasii. 275
— fig. 6, 7. . . . Palæoryx parvidens. 277
Pl. XLVIII, fig. 1. . . . . . Cheville de corne d'une espèce inconnue. 277
— fig. 2, 3. . . . Tragocerus Valenciennesi. 289
— fig. 4, 5. . . . Tragocerus amaltheus. 287
Pl. XLIX. . . . . Id. 287
Pl. L. . . . . Id. 287
Pl. LI. . . . . Id. 288
Pl. LII, fig. 1. . . . . . . Antilope d'espèce indéterminée. 290
— fig. 2, 3. . . . . . Antidorcas ? Rothii. 298
— fig. 4-6. . . . . . Palæoreas Lindermayeri. 295
Pl. LIII. . . . . Id. 296
Pl. LIV. . . . . Id. 296
Pl. LV. . . . . Id. 297
Pl. LVI, fig. 1, 2, 3, 4. . . Gazella brevicornis. 303
— fig. 5, 6. . . . . . Dremotherium ? Pentelici. 304
— fig. 7. . . . . . . Seconde espèce de Dremotherium. 308
Pl. LVII. . . . . Gazella brevicornis. 303
Pl. LVIII, fig. 1-12. . . . Phasianus ? Archiaci. 311
— fig. 13-16. . . . Gallus Æsculapii. 312
— fig. 17, 18. . . . Ossements d'oiseaux indéterminés. 316
Pl. LIX, fig. 1-11. . . . . Grus Pentelici. 315
— fig. 12. . . . . . Ciconia ?. 315
Pl. LX, fig. 1, 2. . . . . . Testudo marmorum. 318
— fig. 3, 4. . . . . . Vertèbre analogue à celles des varans. 318
Pl. LXI, fig. 1, 2. . . . . . Smerdis Isabellæ. 404
— fig. 3, 4. . . . . . Myriapode. 431
— fig. 5. . . . . . . Elytre de coléoptère. 405
— fig. 6, 7. . . . . Helix de Pikermi. . . . . 319 et 427
— fig. 8, 9. . . . . . Planorbis Thiollieri. 445

LISTE DES PLANCHES.

Pl. LXI, fig. 10. . . . . . . Planorbis solidus. . . . . *Les explications ont été données page* 406
— fig. 11-13. . . . . . Neritina micans. 446
— fig. 14-17. . . . . . Limnæa megarensis. 445
— fig. 18, 19. . . . . . Limnæa pseudo-palustris. 405
— fig. 20-23. . . . . Limnæa Forbesi. 405
— fig. 24, 25. . . . . Limnæa voisine de la L. cylindrica. 405
Pl. LXII, fig. 1-6. . . . . . Melanopsis anceps. 446
— fig. 7-15. . . . . . Melanopsis costata. . . . . 406 et 446
— fig. 16-18 . . . . Melanopsis Daphnes. 407
— fig. 19, 20. . . . . Melania? Hamiltoniana. 307
— fig. 21, 22. . . . . Melania? 407
— fig. 23, 24. . . . . Cerithium atticum. 442
— fig. 25. . . Alasmodonta. 408
— fig. 26. . . . . . . Anodonta. 408
Pl. LXIII, fig. 1-4. . . . . . Unio atticus. 408
— fig. 5. . . . . Unio. 408
— fig. 6. . . . . Janira productoides. 390
— fig. 7-9. . . . . . Psammechinus mirabilis?. 340
Pl. LXIV, fig. 1. . . . . . . Pinus hellenica. 412
— fig. 2, 3. . . . . . Myrica Ungeri. 412
— fig. 4, 5. . . . . . Myrica Solonis. 412
— fig. 6. . . . . . . Daphnogene Delphica. 413
— fig. 7. . . . . . . Nerium Gaudryanum. 416
— fig. 8. . . . . . . Rhus elæodendroides. 418
Pl. LXV. . . . . Grevillea. 414
Pl. LXVI, fig. 1, 2. . . . Coupes générales de l'Attique. 379, 388, 429, 435, 449
— fig. 3. . . . . . . Profil du rivage oriental de l'Attique, près du torrent
de Pikermi. 429, 430, 435
Pl. LXVII. . . . . Terrains métamorphiques. 381
Pl. LXVIII. . . . . Etages des psammites, des marnolites bigarrés et des cal-
caires à rudistes. 386-389
Pl. LXIX. . . . . Massifs euritiques et serpentineux. 394-396
Pl. LXX. . . . . Couches miocènes lacustres dans le centre de l'Attique. 397-399
Pl. LXXI. . . . . Couches miocènes lacustres dans le nord de l'Attique. 400, 401
Pl. LXXII. . . . . Gisements de lignites miocènes. 402
Pl. LXXIII, fig. 1-3. . . . . Couches pliocènes lacustres et marines de la Corinthie et
de la Mégaride. 441-446
— fig. 4, 5. . . . . Couches miocènes lacustres de l'Attique. 397, 398
Pl. LXXIV. . . . . Brèches et limons à ossements de Pikermi. . . . 427-430, 435
Pl. LXXV. . . . . Couches pliocènes marines de l'Attique 435, 437-440

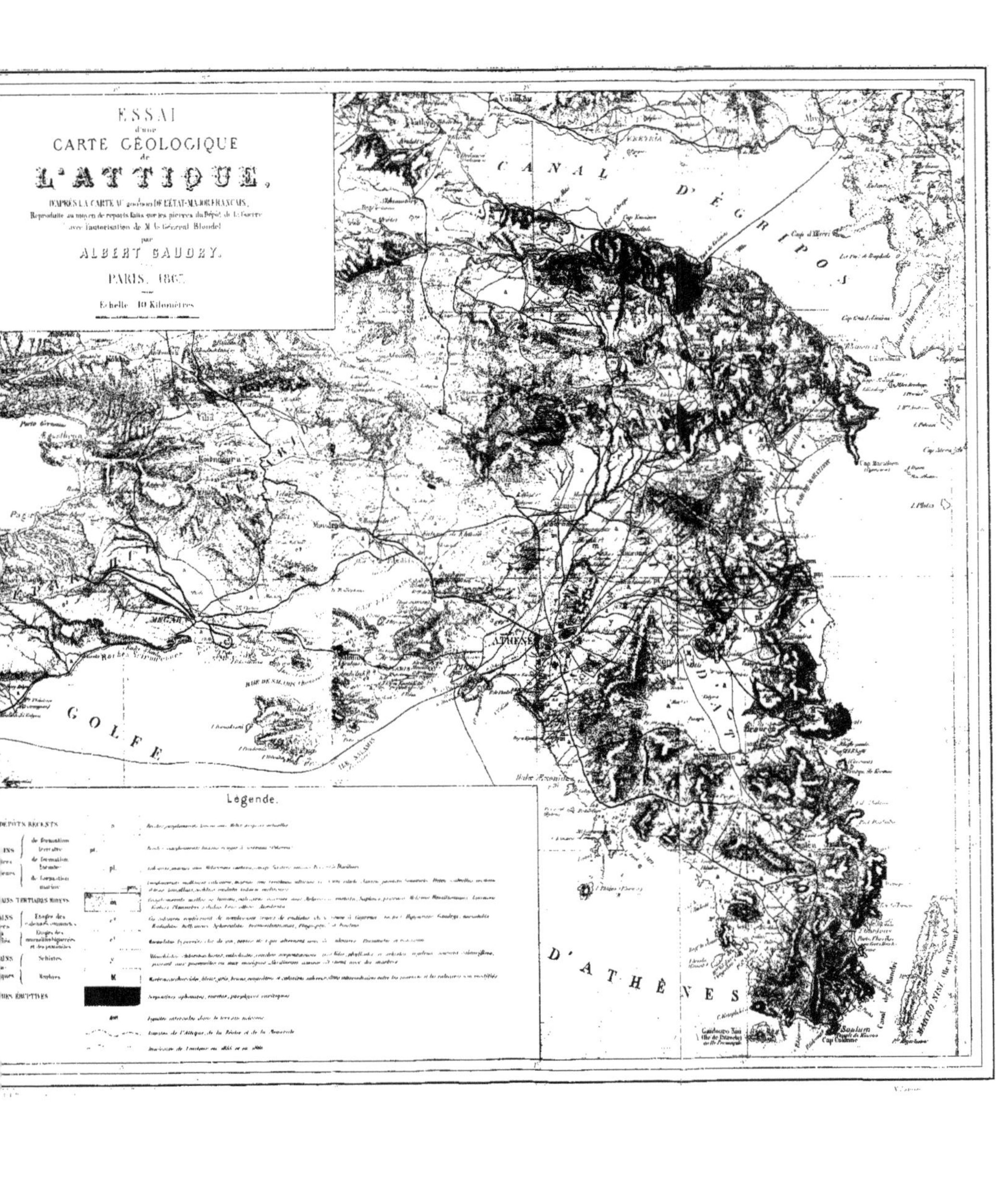

ESSAI
d'une
CARTE GÉOLOGIQUE
de
L'ATTIQUE,
D'APRÈS LA CARTE au 200.000e DE L'ÉTAT-MAJOR FRANÇAIS,
Reproduite au moyen de reports faits sur les pierres du Dépôt de la Guerre
avec l'autorisation de M. le Général Blondel
par
ALBERT GAUDRY.
PARIS. 1867.
Échelle 10 Kilomètres
CANAL D'EGRIPOS
GOLFE
D'ATHÈNES
ATHÈNES
Légende.

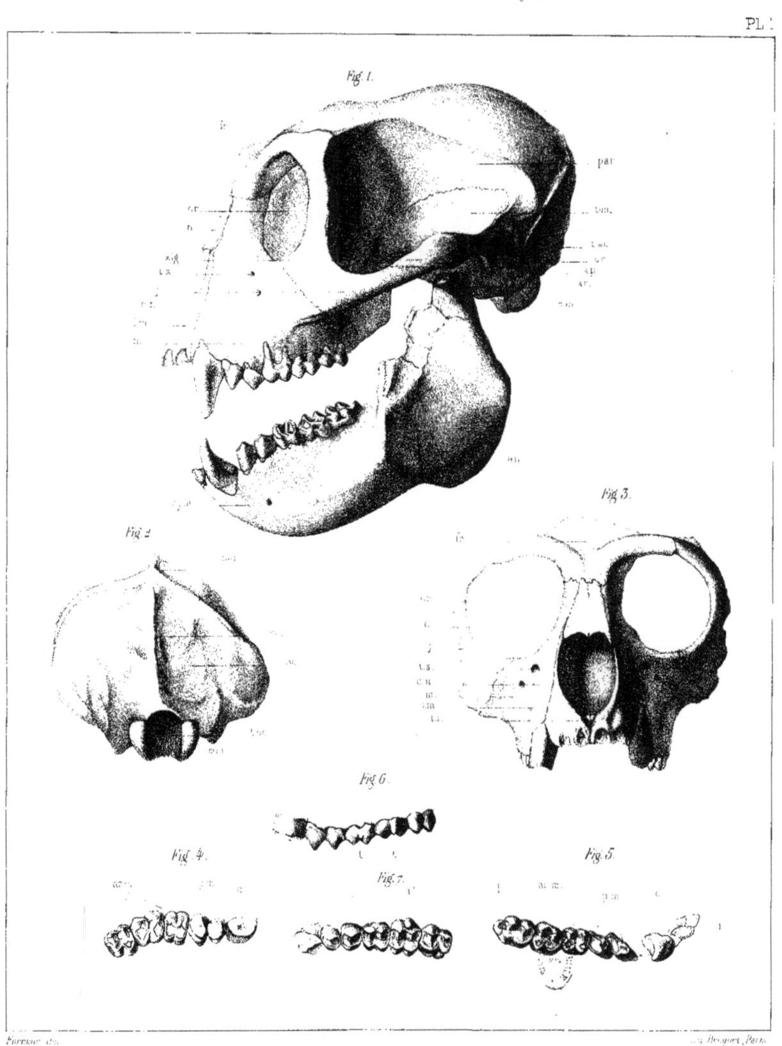

Mesopithecus Pentelici.

Grandeur naturelle.

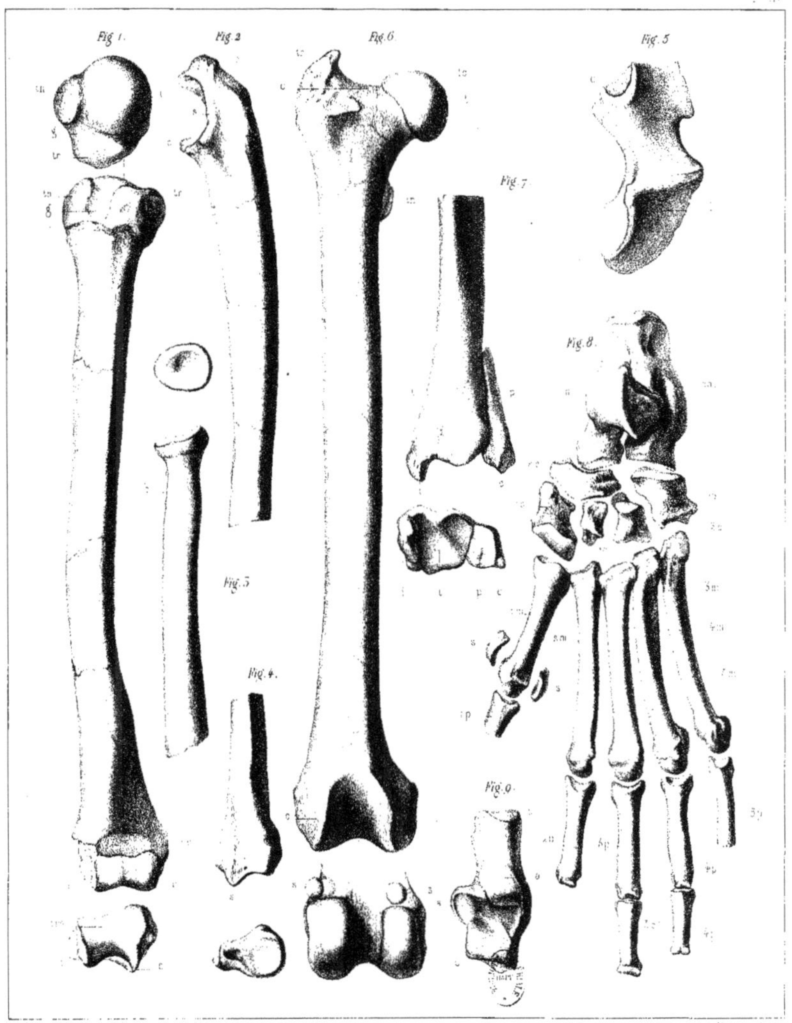

Mesopithecus Pentelici. (Mâle)

Grandeur naturelle

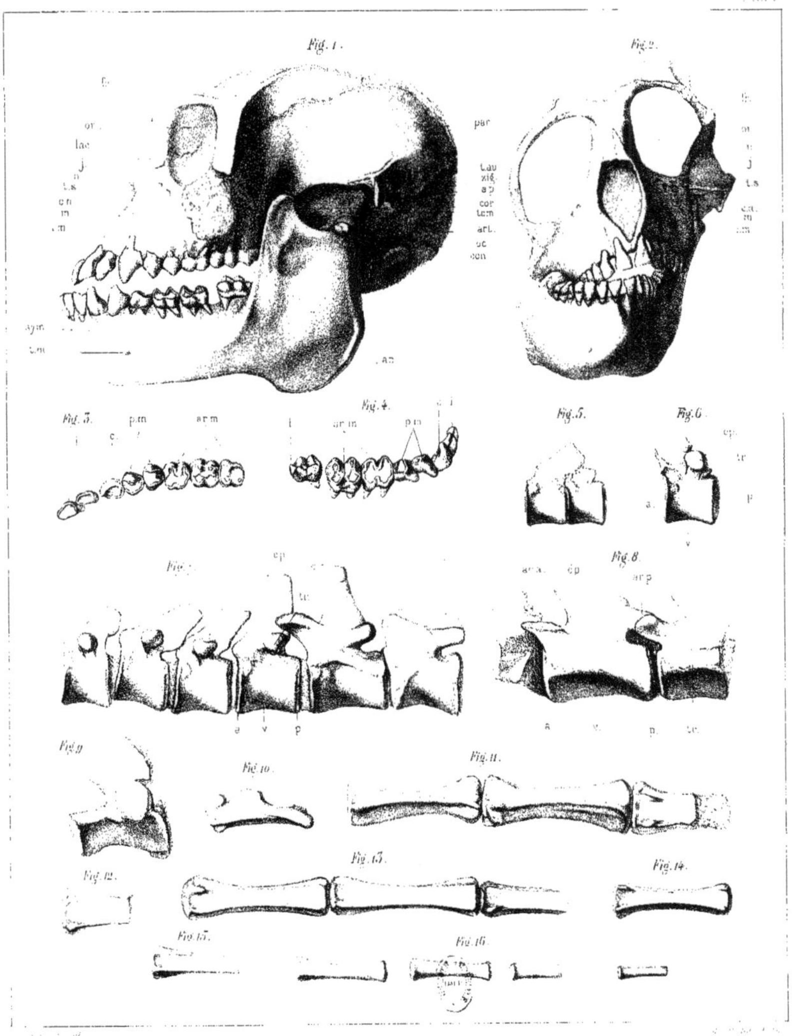

Mesopithecus Pentelici (femelle).

Grandeur naturelle.

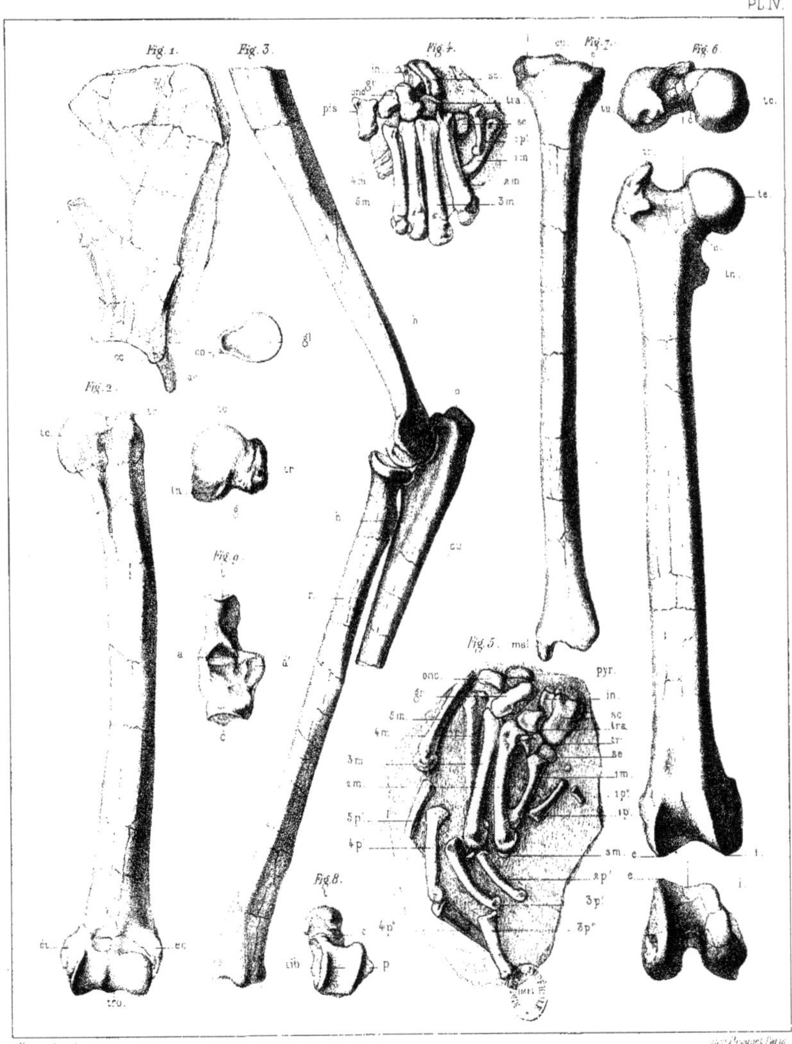

Mesopithecus Pentelici. (femelle)

Grandeur naturelle.

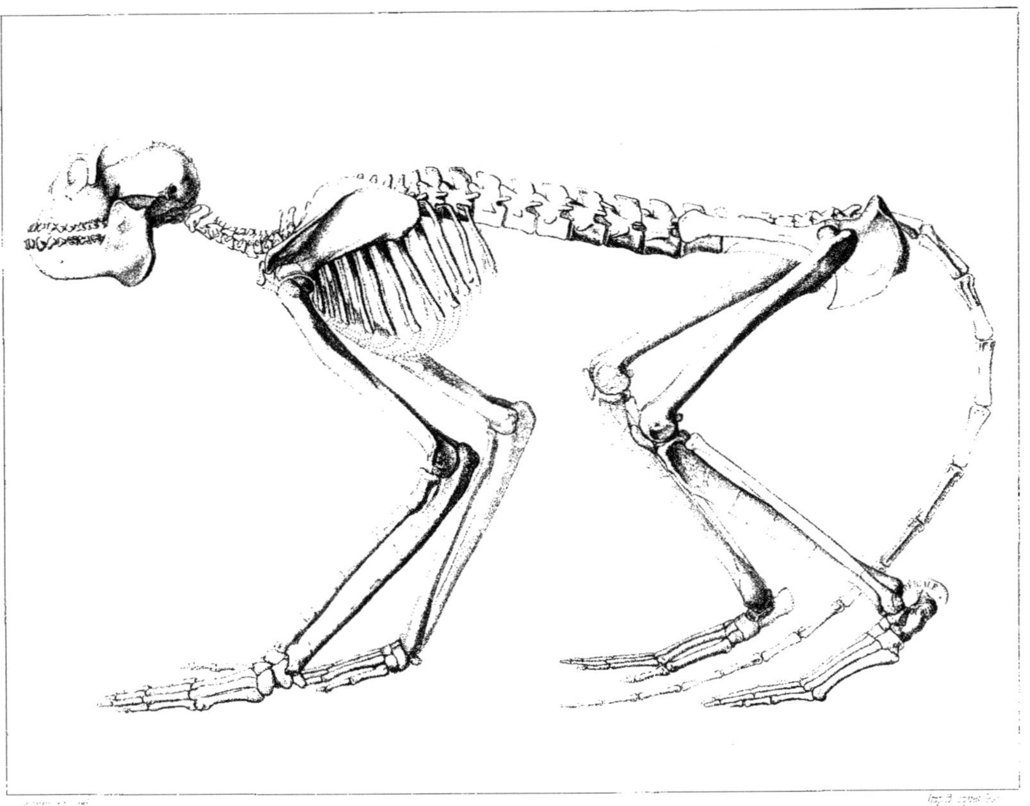

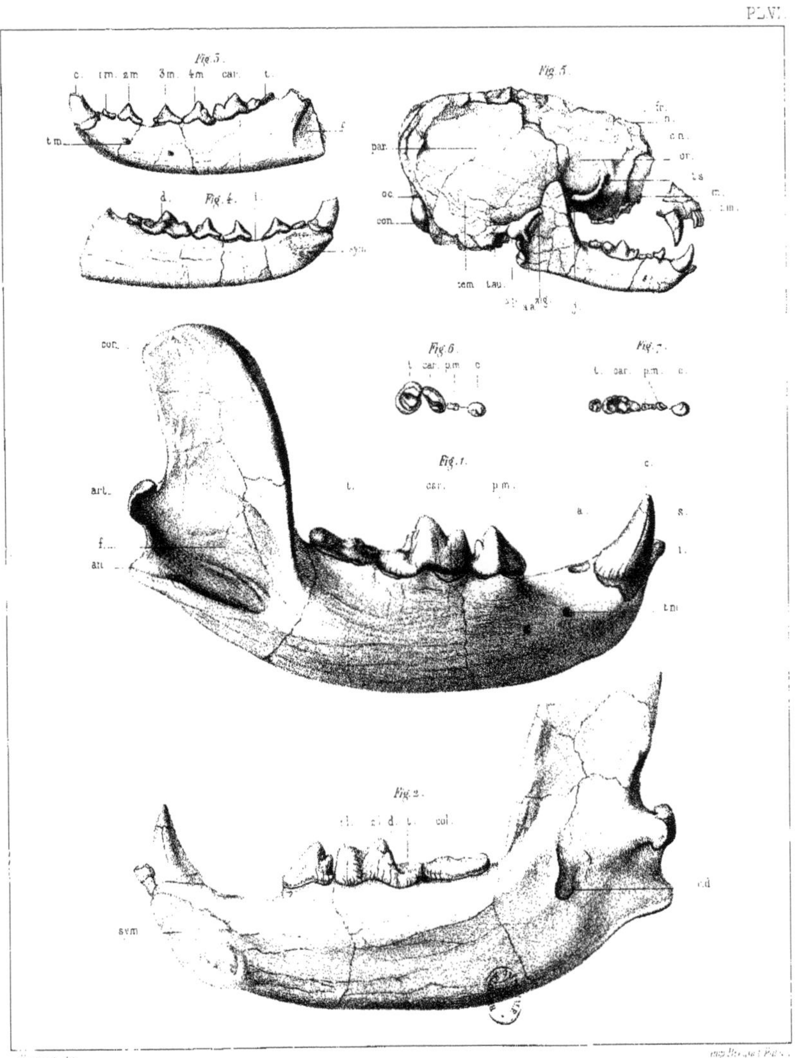

Fig. 1 et 2. Hyænictis græca Gaud.
3 et 4. Mustela Pentelici Gaud.
5 et 6 et 7. Promephitis Lartetii Gaud.

PL. VII

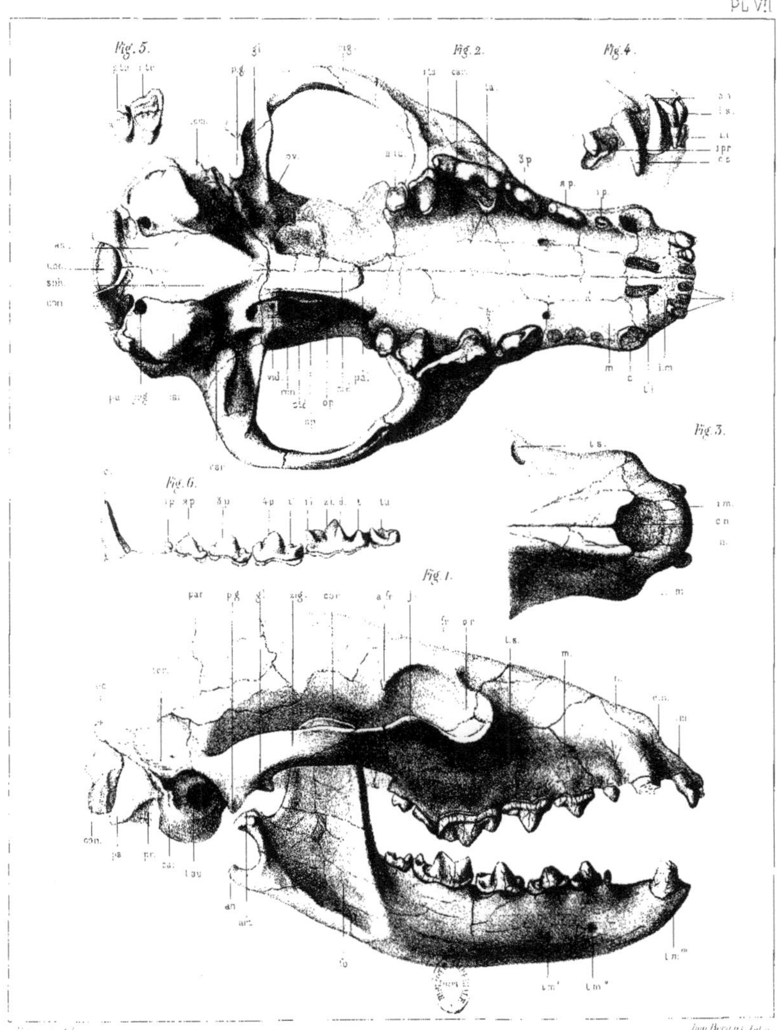

Ictitherium robustum. Gaud.

Grandeur naturelle.

Fernand. del.
Imp. Becquet. Paris.

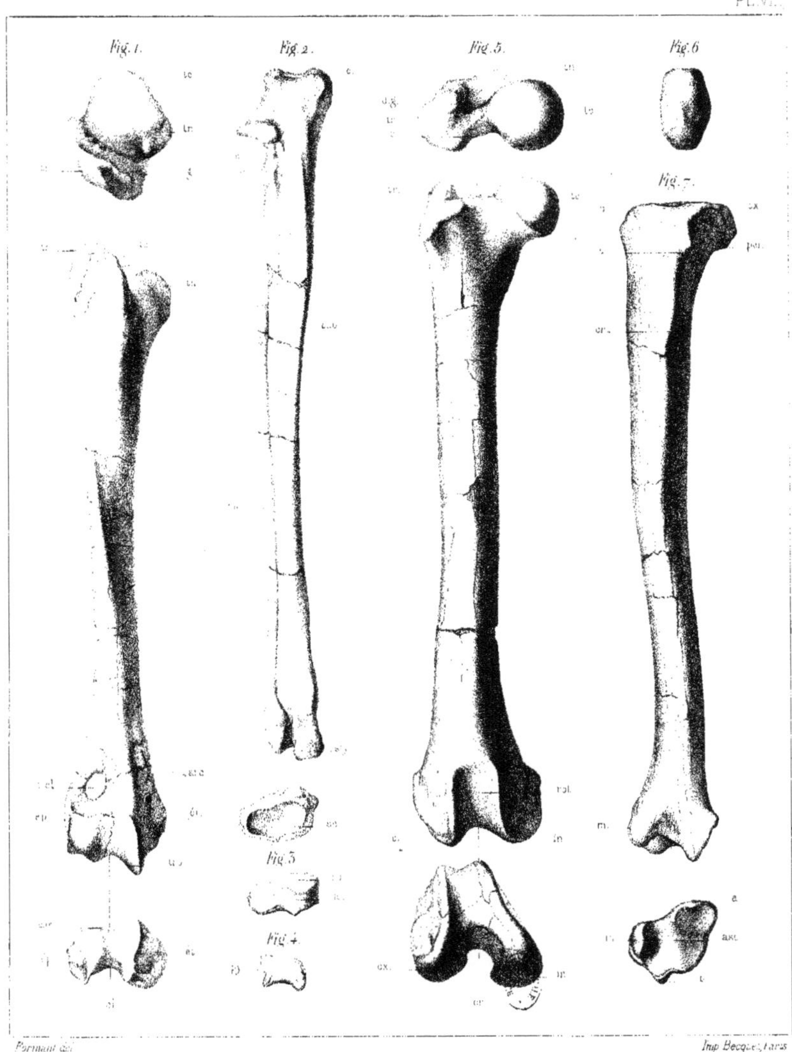

Ictitherium robustum

Grandeur naturelle

PL. X.

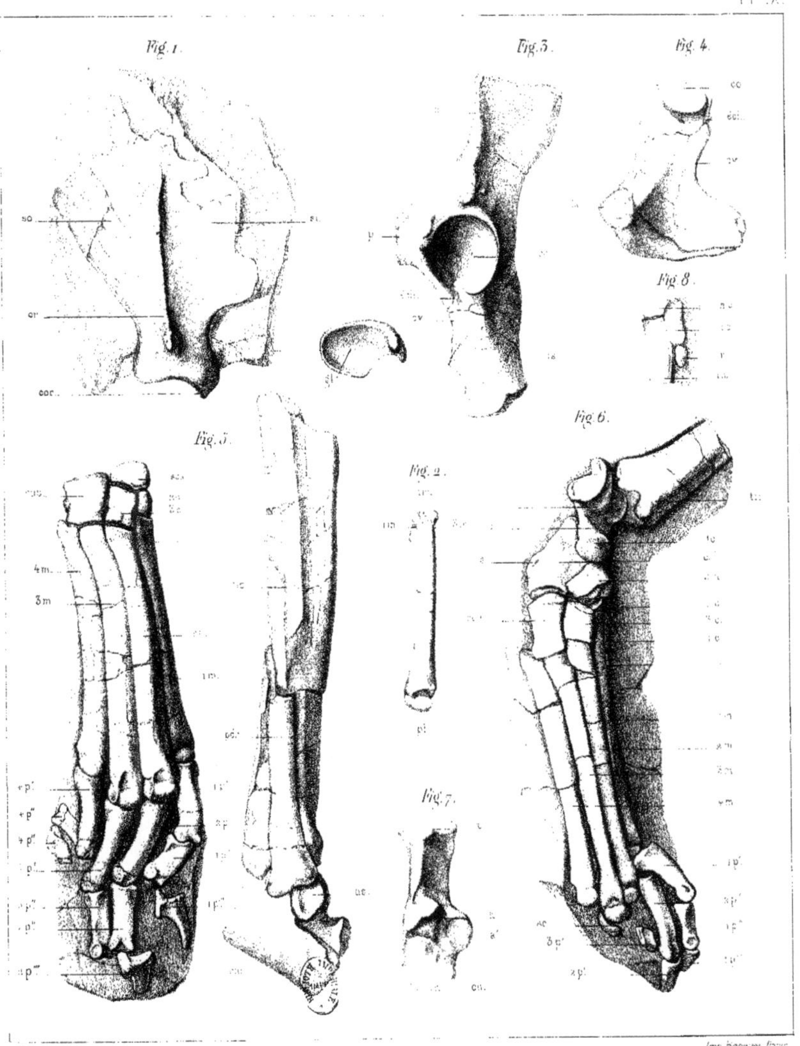

Ictitherium robustum.

1/2 de la grandeur naturelle

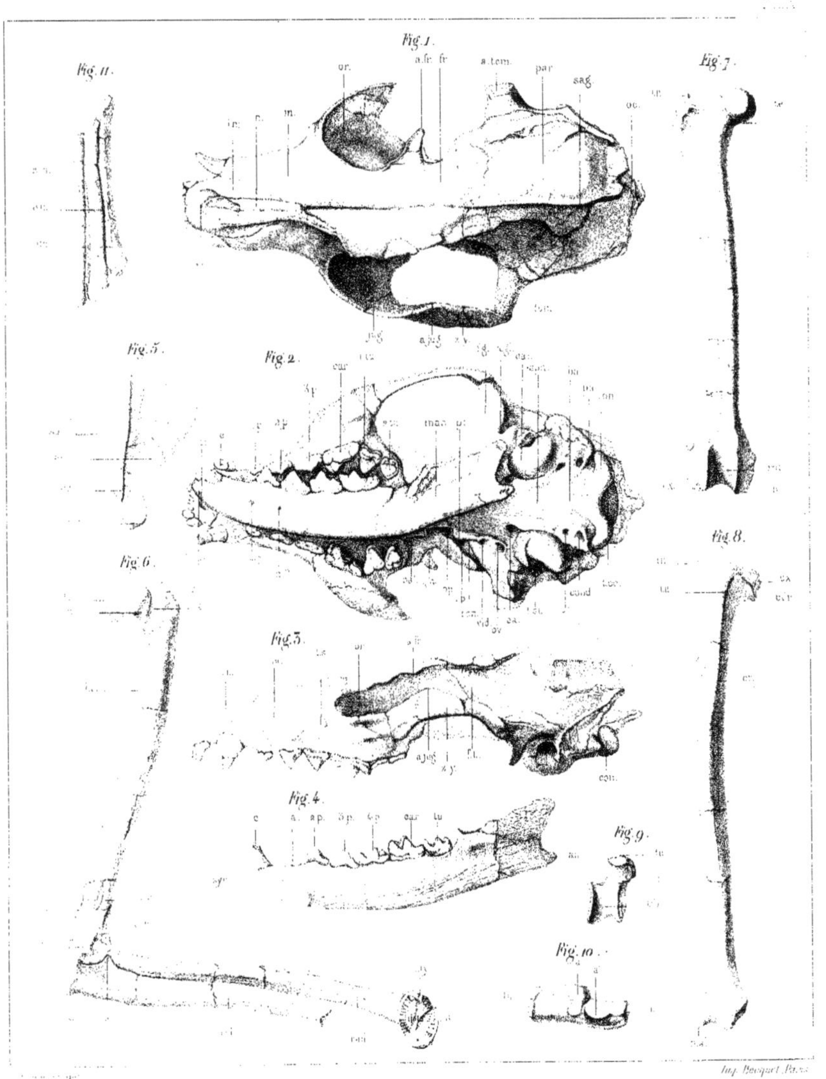

Fig. 1.
Fig. 11.
Fig. 7.
Fig. 5.
Fig. 2.
Fig. 6.
Fig. 8.
Fig. 3.
Fig. 4.
Fig. 9.
Fig. 10.

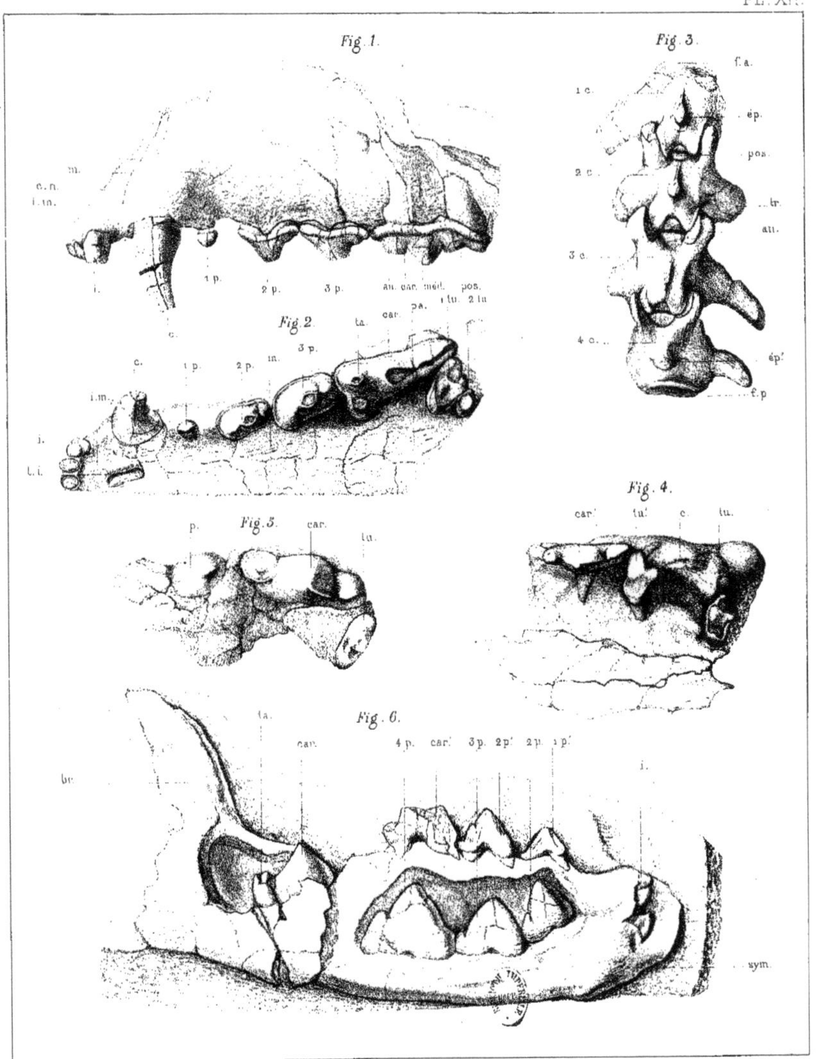

Fig. 1, 2, 3. Ictitherium hipparionum. *Gaud.*
Fig. 4, 5, 6. Hyæna eximia. *Roth. et Wagn.*

Grandeur naturelle.

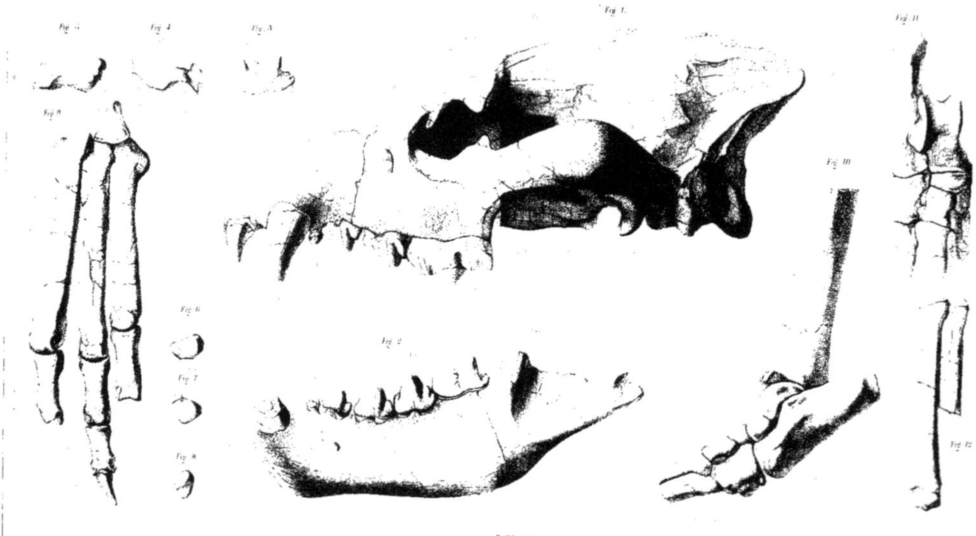

Fig. 1.
Fig. 2.
Fig. 3.
Fig. 4.
Fig. 5.
Fig. 6.
Fig. 7.
Fig. 8.
Fig. 9.
Fig. 10.
Fig. 11.
Fig. 12.

PL. XIV.

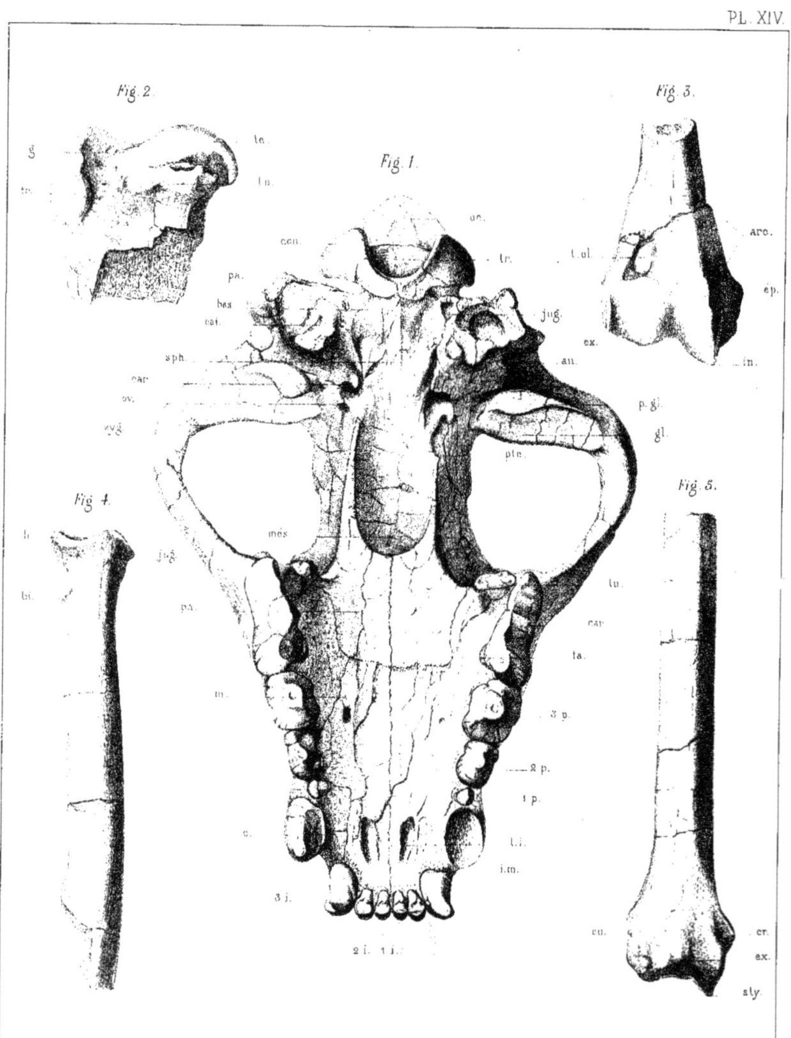

Hyæna eximia.

au $\frac{2}{3}$ de la grandeur naturelle.

Formant del.

Imp. Becquet, Paris.

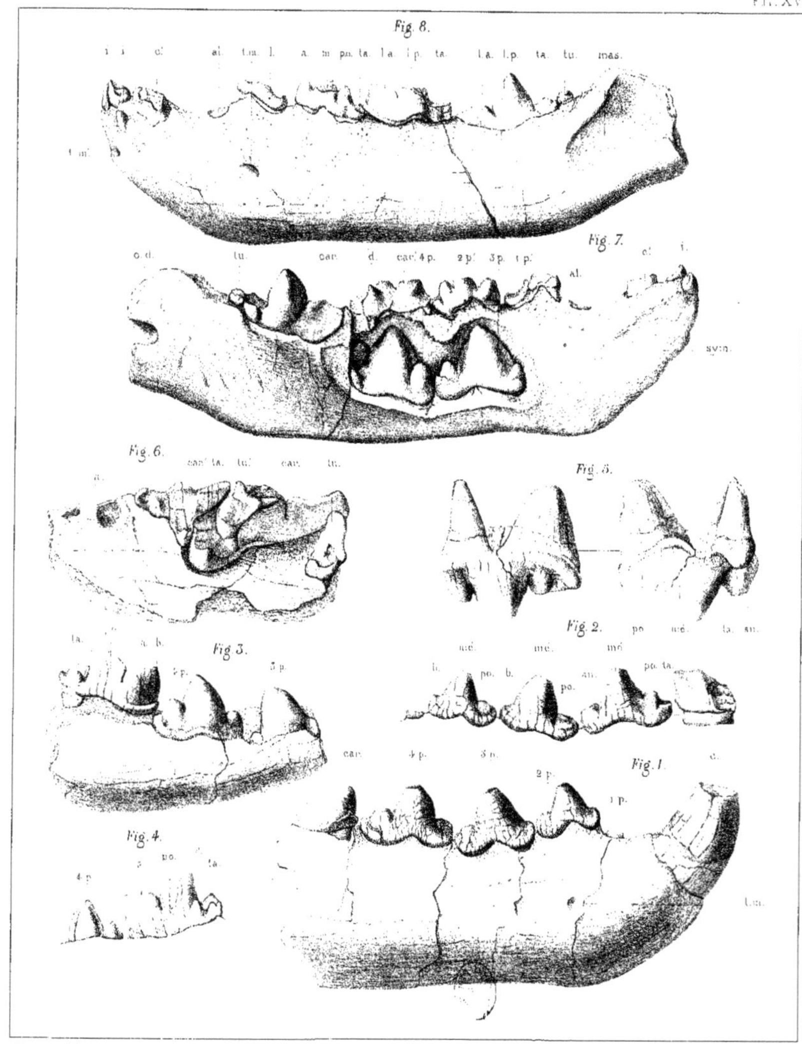

Formant del.

Imp Becquet. Paris

Fig. 1,2,3,4,5. Hyæna Chærctis. Gaud. et Lart.
Fig. 6,7,8.   Hyænictis græca. Gaud.

Grandeur naturelle.

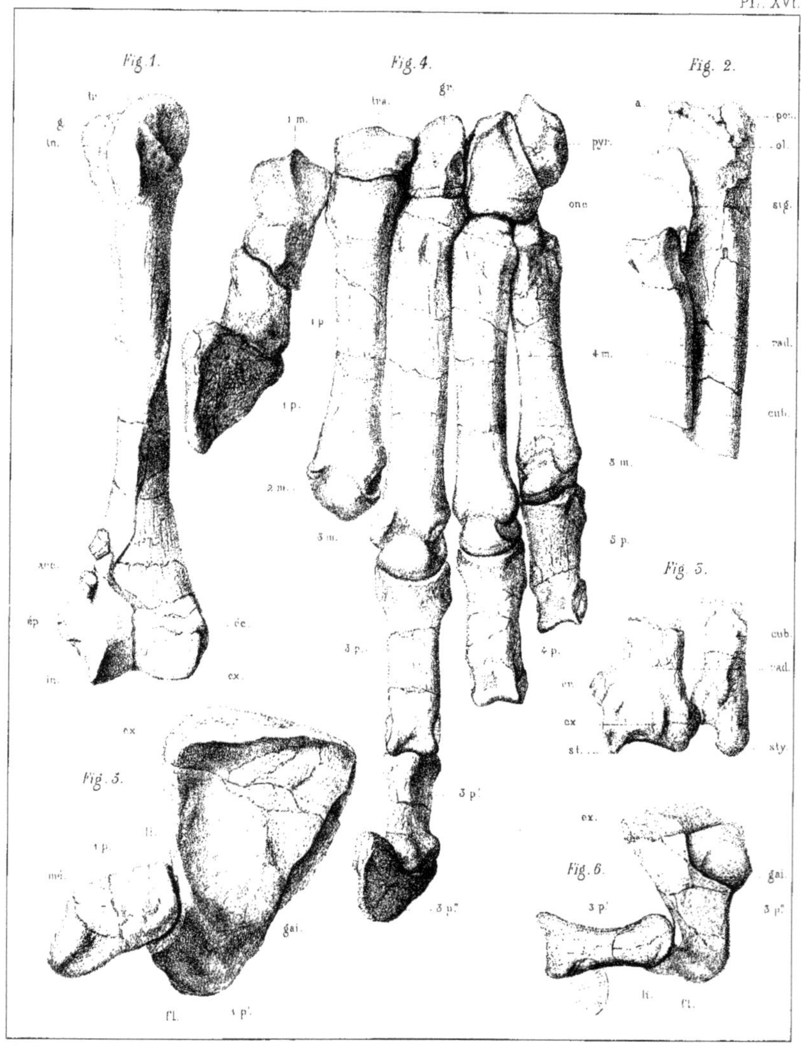

Formant del.

Imp. Becquet, Paris.

Machairodus cultridens. *Kaup.*

Fig. 1, 2 et 3 au $\frac{2}{5}$ de la grandeur naturelle.
Fig. 4, au $\frac{3}{4}$ de la gr. nat.
Fig. 5 et 6, gr. nat.

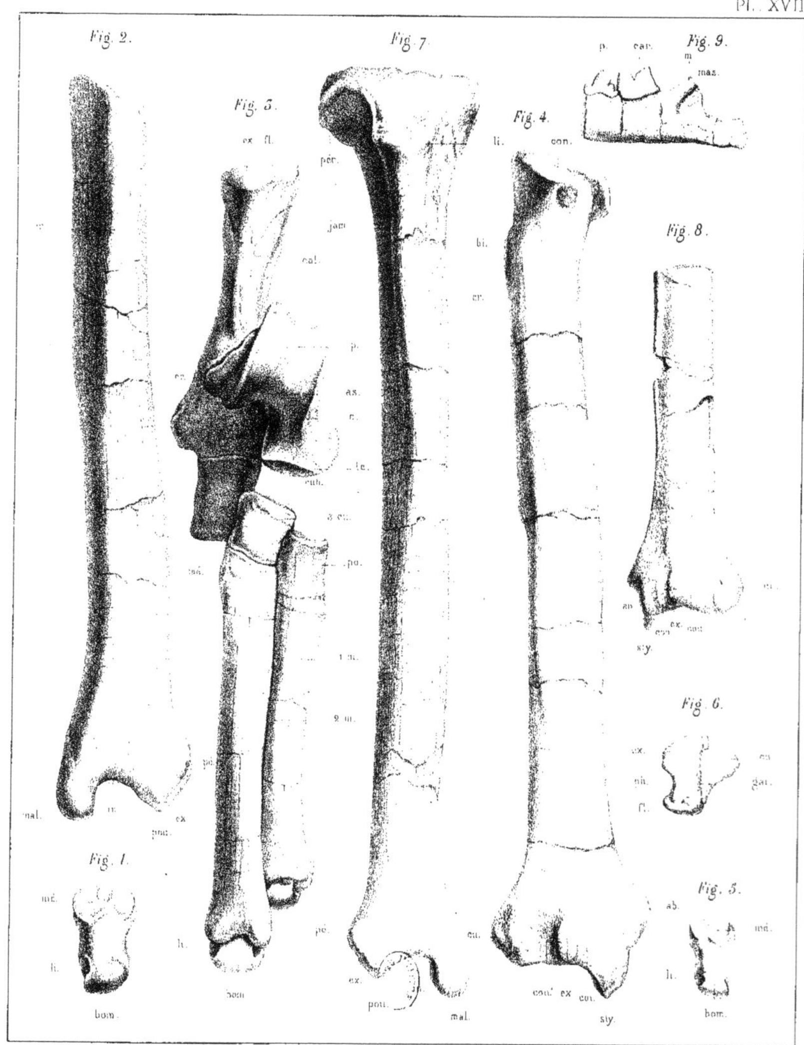

Formant del.   Imp. Becquet, Paris.

Diverses espèces de la famille des chats.

Fig. 1, 2 et 3. Première espèce. | Fig. 8. Troisième espèce.
Fig. 4, 5, 6 et 7. Seconde espèce. | Fig. 9. Quatrième espèce.

Grandeur naturelle.

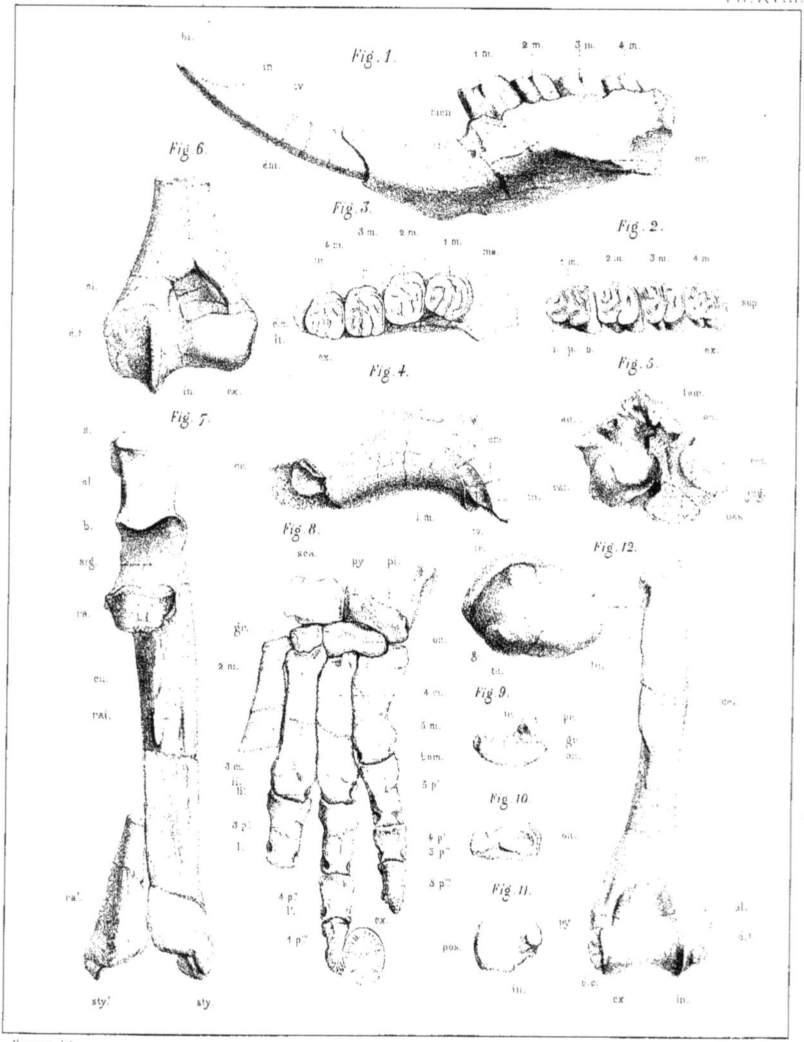

Fournant del.

Imp. Becquet, Paris.

Hystrix primigenia. Gaud et Lart.
Grandeur naturelle.

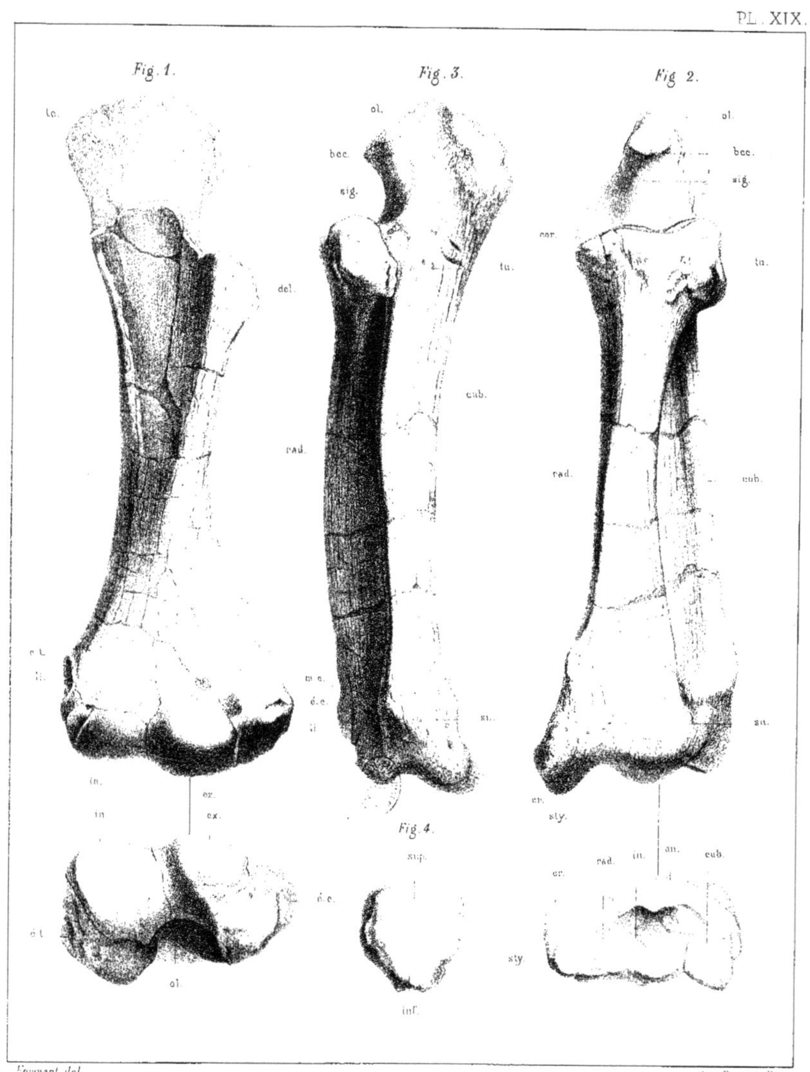

Cormant del.

Imp. Becquet, Paris.

Nouveau genre d'édenté gigantesque.

au $\frac{1}{4}$ de la grandeur naturelle.

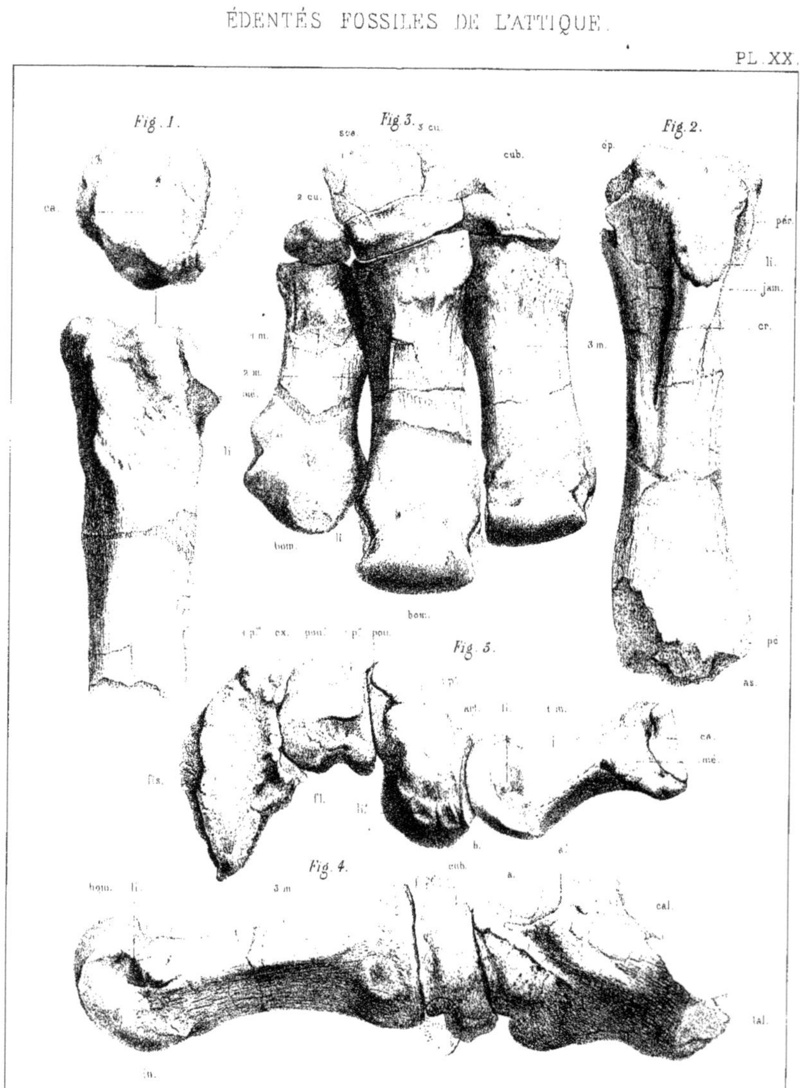

Formant del.

Imp. Becquet, Paris.

Nouveau genre d'édenté gigantesque.

Toutes les figures sont à ½ grandeur, sauf la figure 2, qui est au ¼.

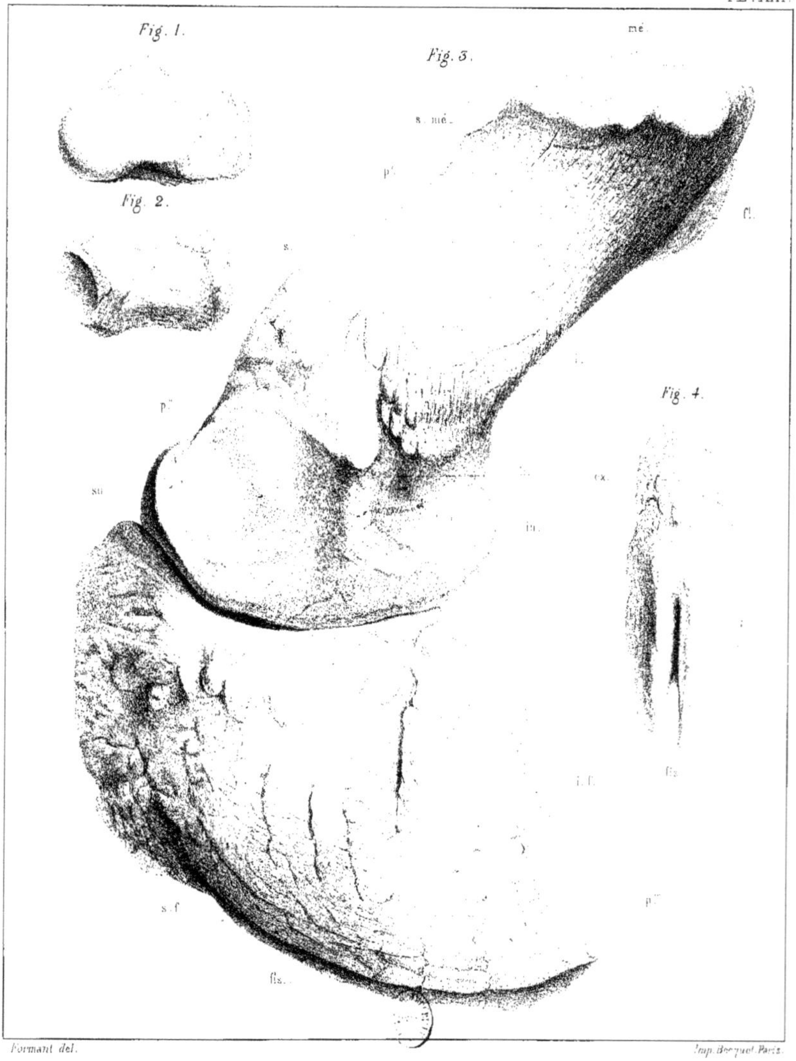

Formant del.

Imp. Becquet. Paris.

Nouveau genre d'édenté gigantesque.

Fig. 1, 2, 4, à $\frac{1}{2}$ de la grandeur naturelle.
Fig. 3. gr. nat.

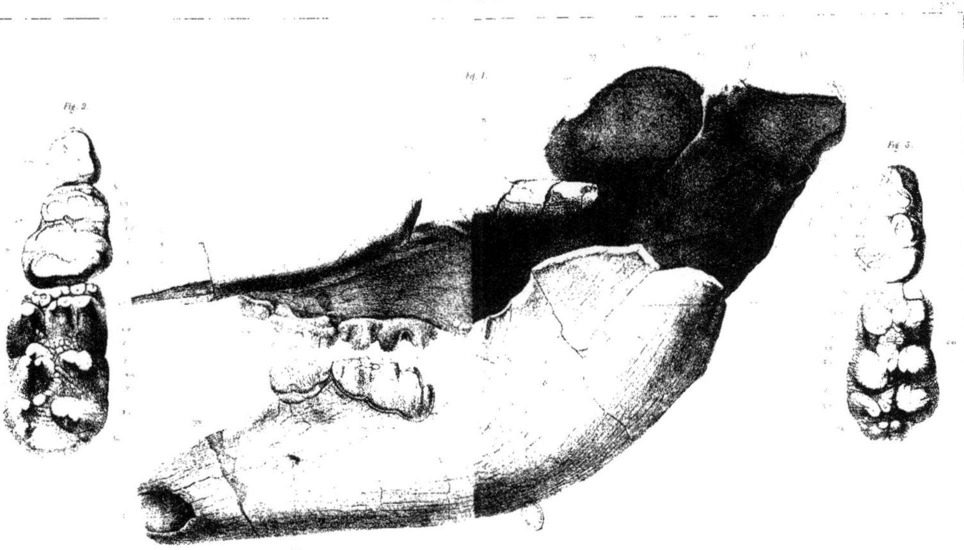

Fig. 2.
Fig. 1.
Fig. 3.

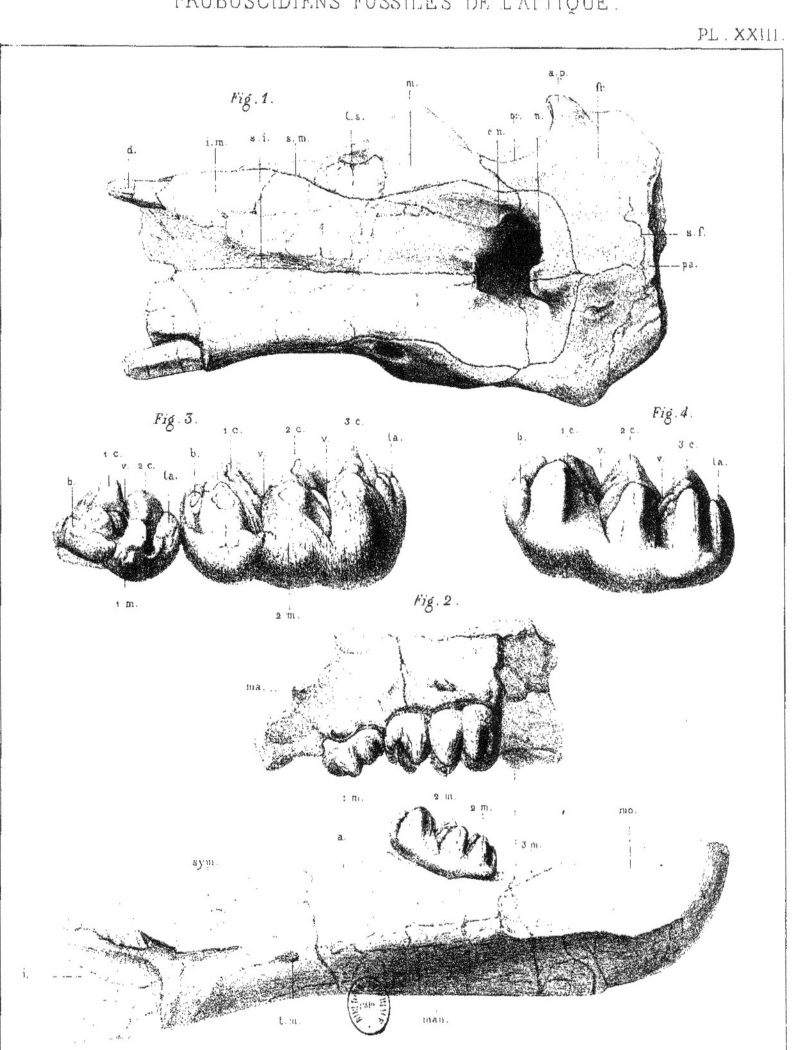

Firmani del.

Imp. Becquet, Paris.

Mastodon Pentelici.

Fig. 1 au $\frac{1}{4}$ de la grandeur naturelle.
Fig. 2 à $\frac{1}{2}$ de la gr. nat.
Fig. 3 et 4 gr. nat.

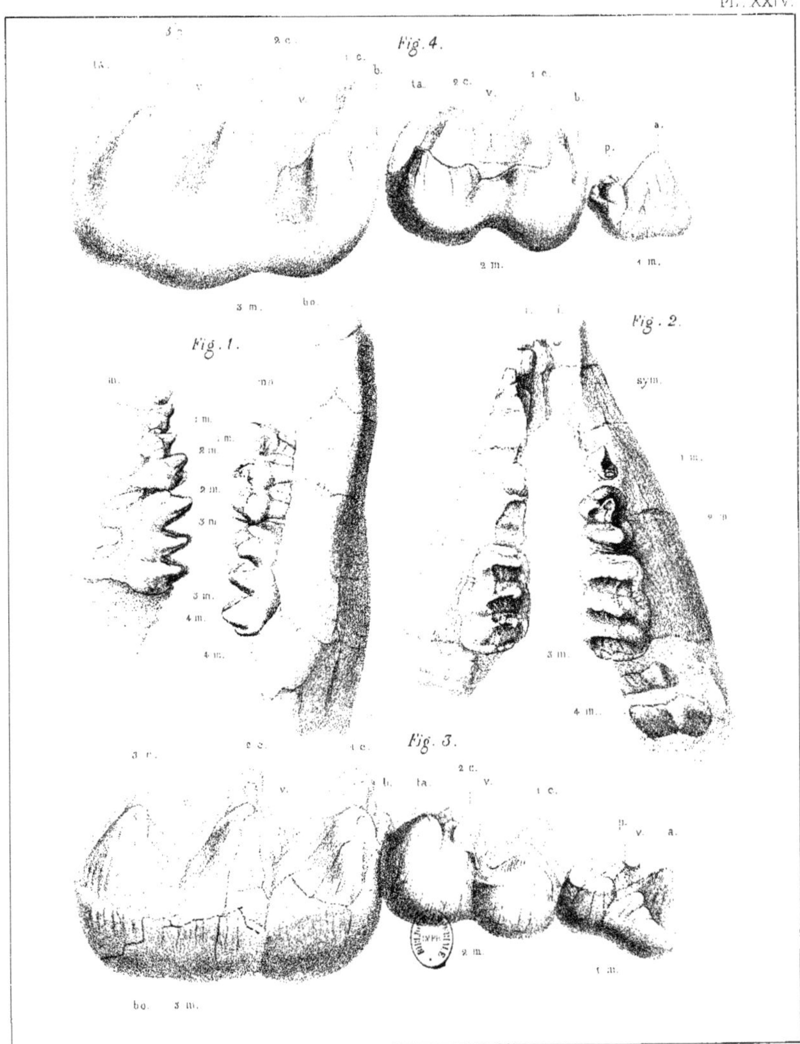

Fournant del.

Imp. Becquet Paris.

Mastodon turicensis. *Schinz.*

Fig. 1 et 2 au ⅓ de la grandeur naturelle.
Fig. 3 et 4 gr. nat.

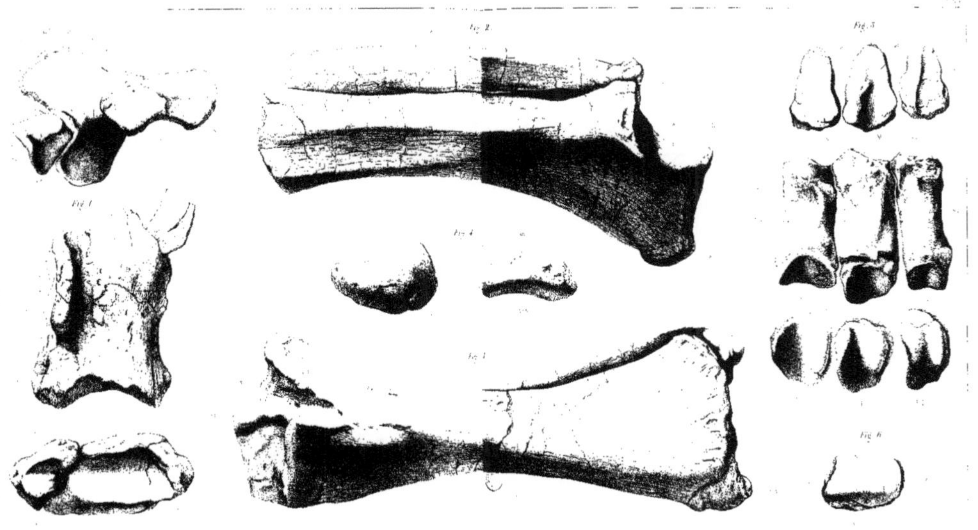

Fig. 2.

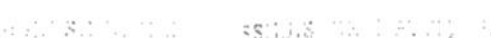

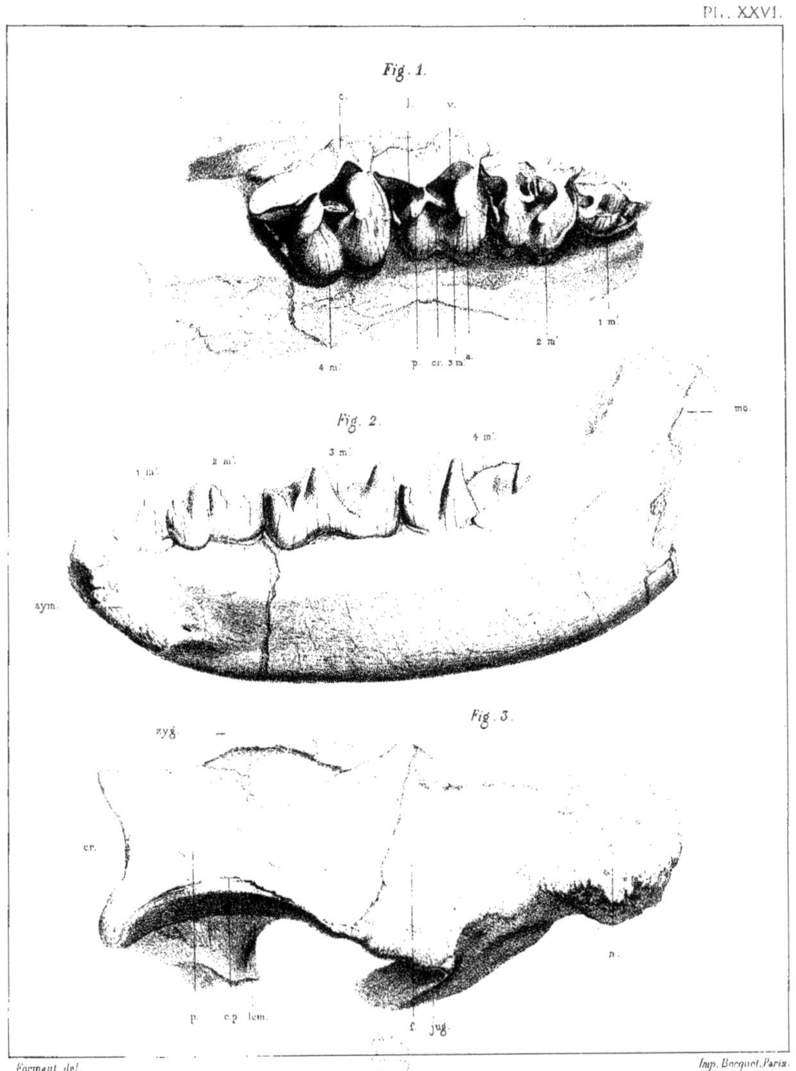

Rhinoceros pachygnathus. Wagn.

Fig. 1 et 2 aux ⅔ de la grandeur naturelle.
Fig. 3 au ⅓ de la gr. nat.

Formaut. del.

Imp. Becquet. Paris.

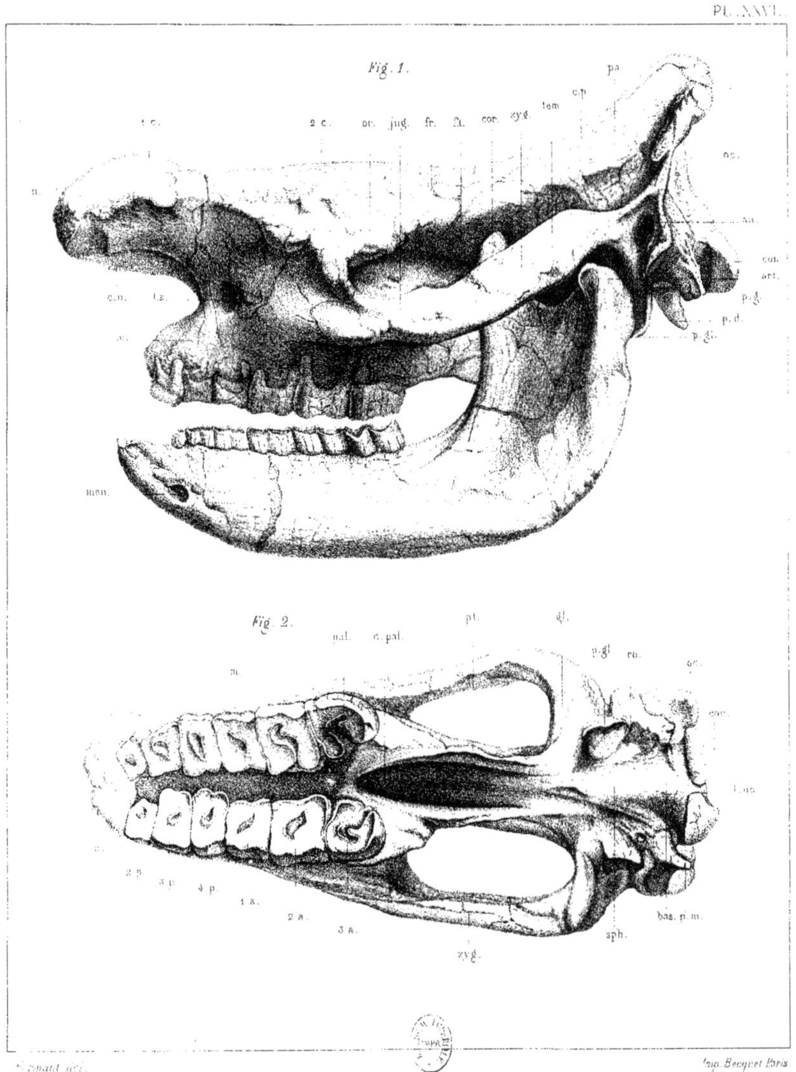

Rhinoceros pachygnathus.

au $\frac{1}{4}$ de la grandeur naturelle.

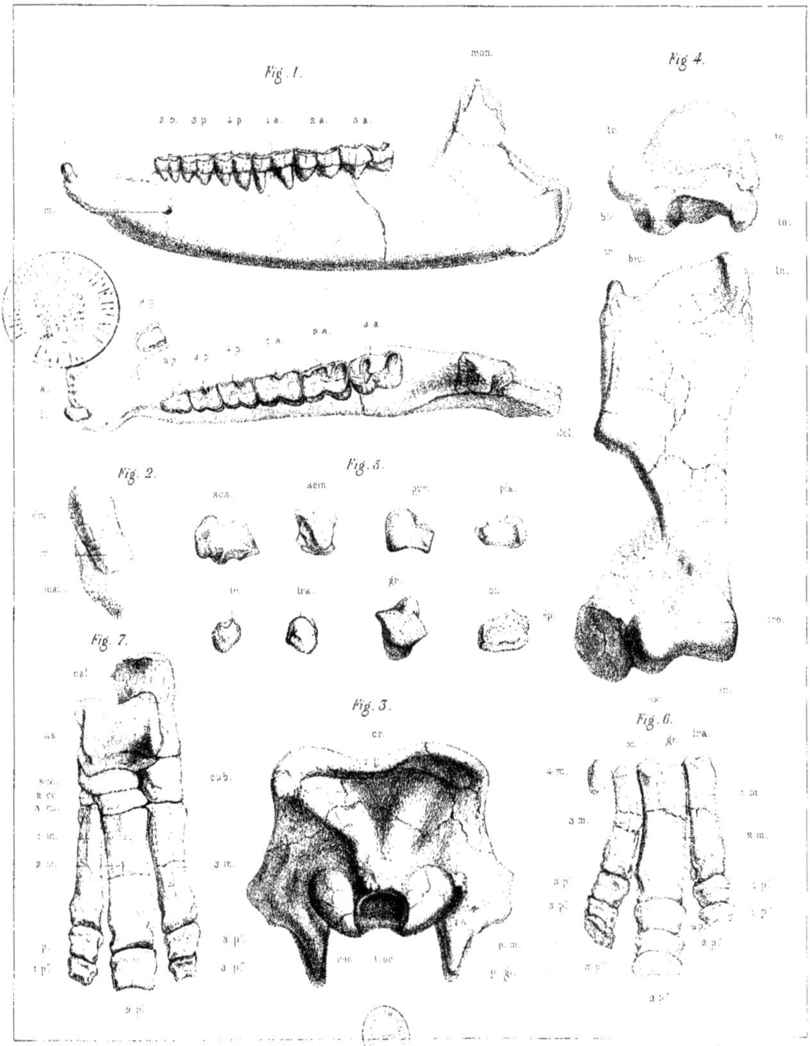

Fig. 1.
mon.
Fig 4.
Fig. 2.
Fig. 5.
Fig. 7.
Fig. 3.
Fig. 6.

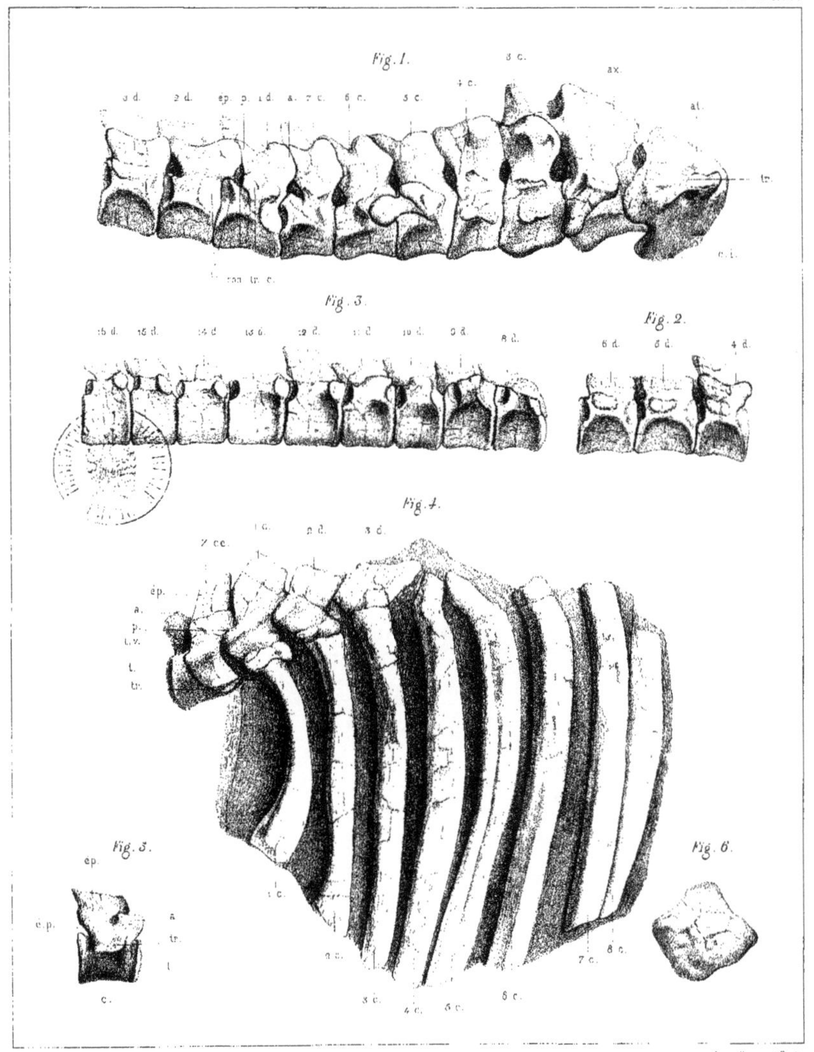

Bournart del.

Imp. Becquet, Paris.

Rhinoceros pachygnathus.

au ½ de la grandeur naturelle.

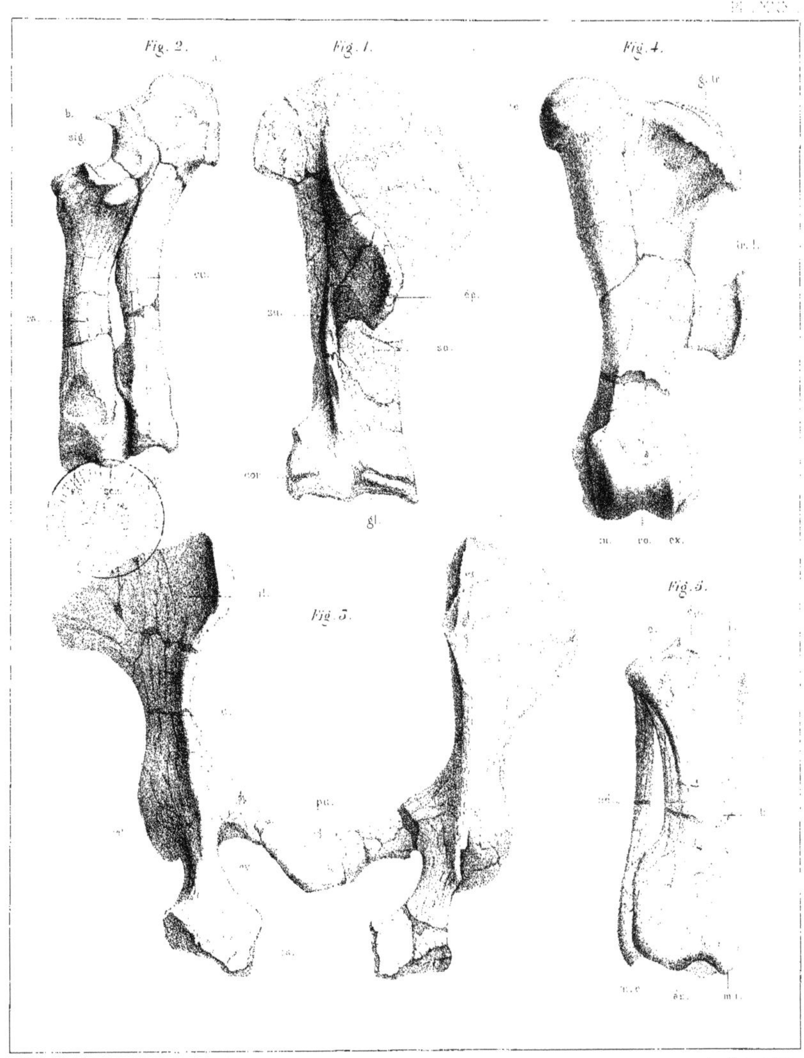

Rhinoceros pachygnathus.

au ⅓ de la grandeur naturelle.

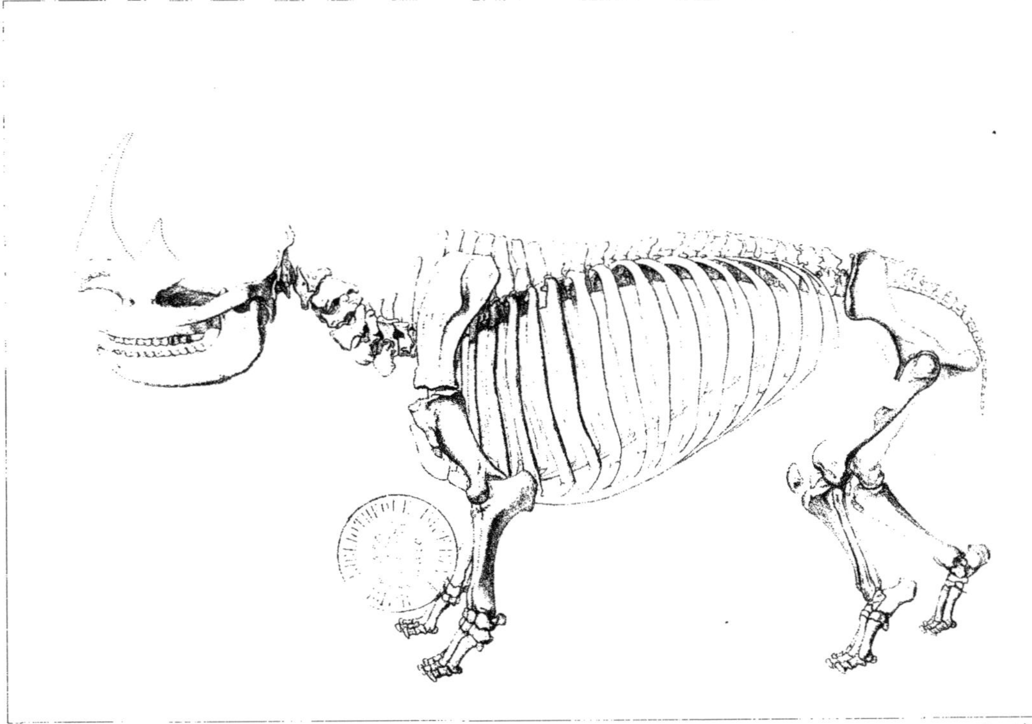

Rhinoceros pachygnathus.

au $\frac{1}{15}$ de la grandeur naturelle.

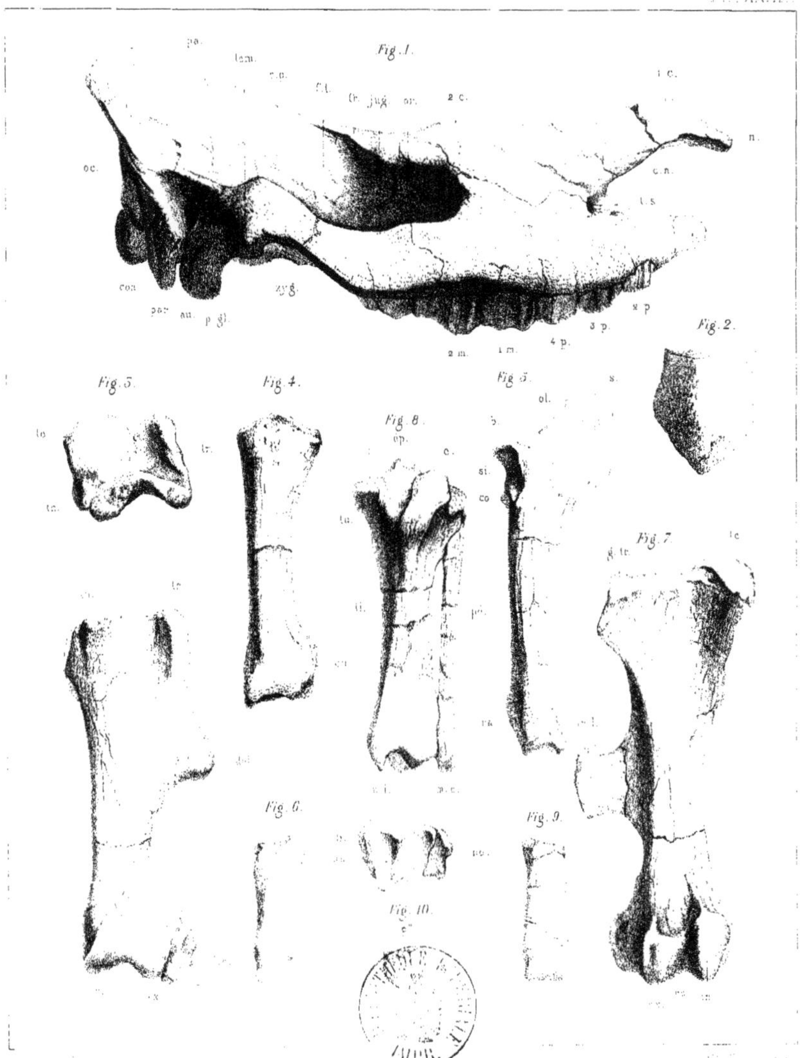

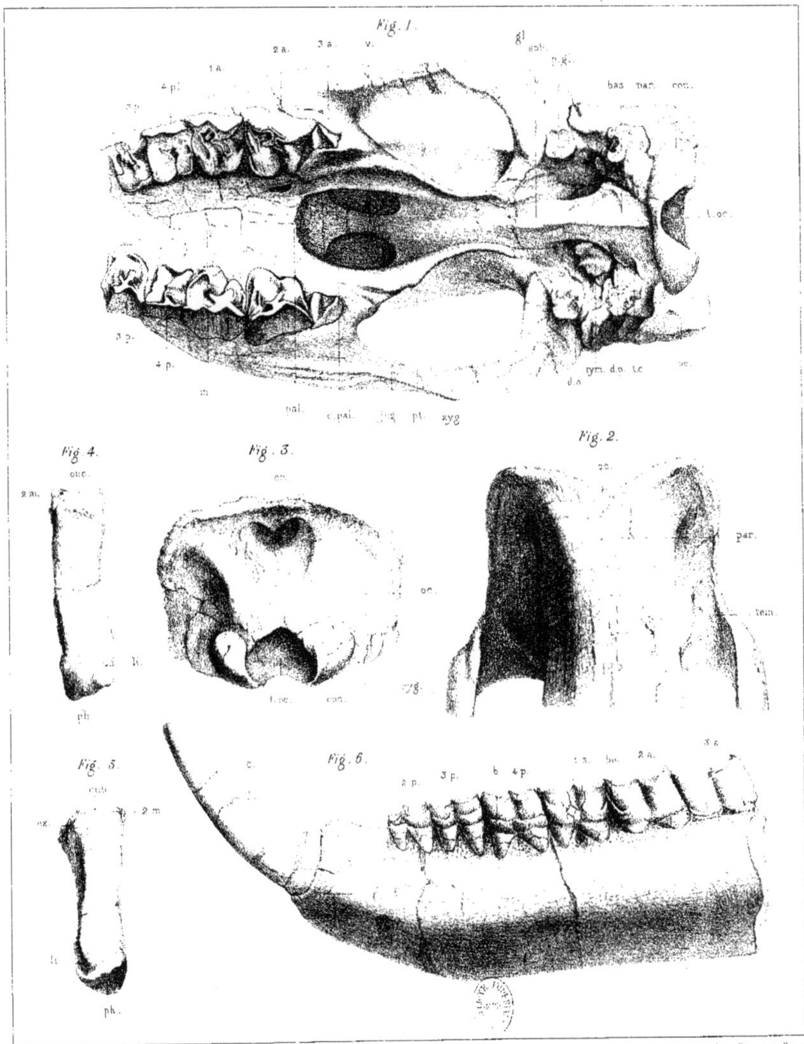

Fig. 1. 2 et 3. Rhinoceros ? d'espèce indéterminée, au ¼ de la grandeur naturelle.

Fig. 4 et 5. Autre Rhinoceros ? aux ⅔ de la gr. nat.

Fig. 6. Acerotherium ? au ¼ de la gr. nat.

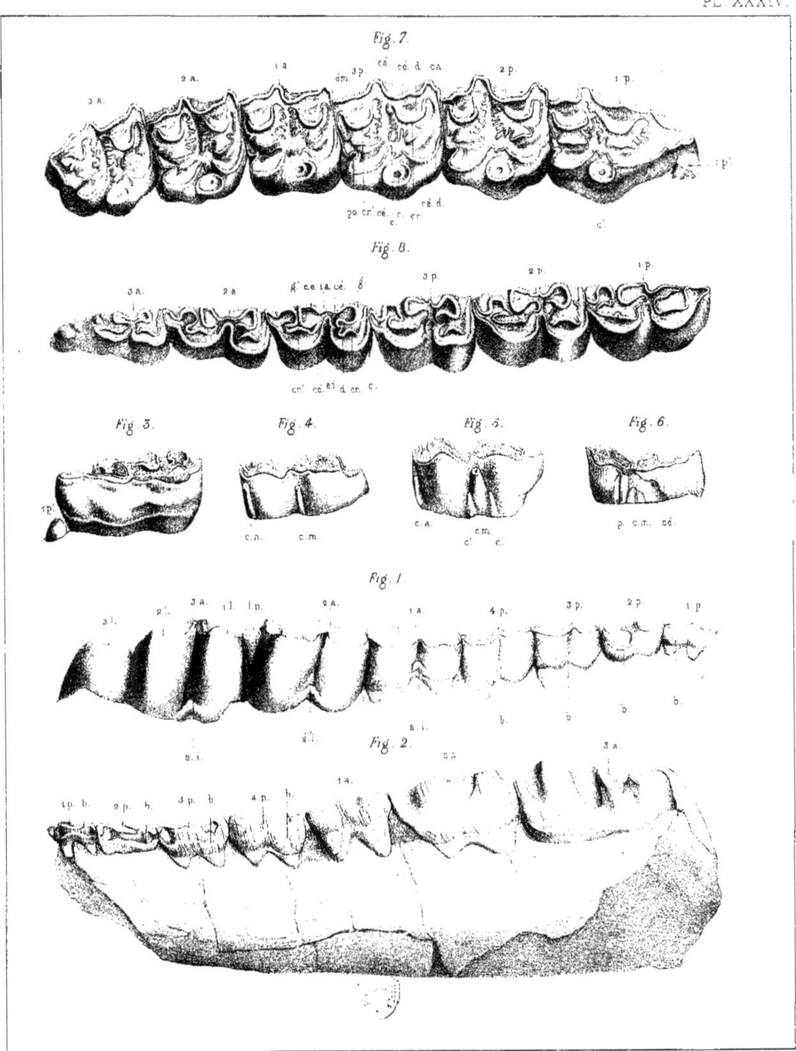

Formant del.

Imp. Becquet, Paris.

Fig. 1 et 2. Leptodon graecus, Gaud.
Fig. 3, 4, 5 et 7 et 8. Hipparion gracile, de Christ.
Grandeur naturelle.

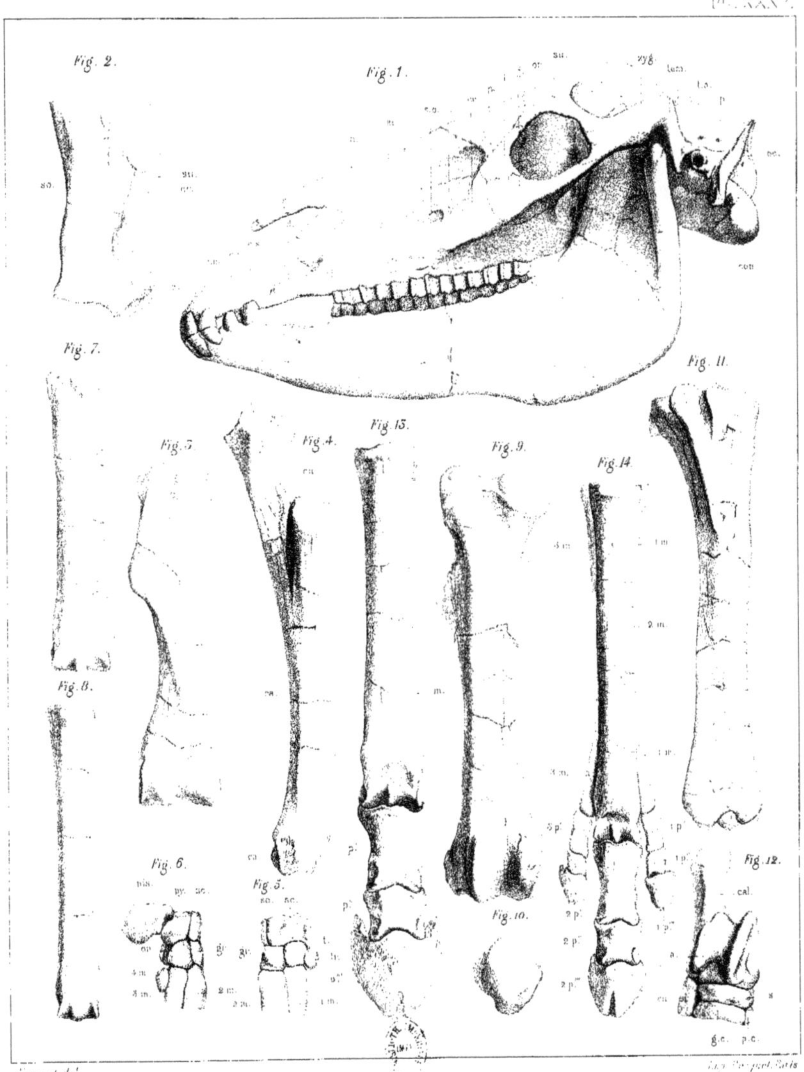

Hipparion gracile.

Les figures 2, 7 et 8 sont de la variété à formes lourdes, les autres figures, sont de la variété à formes grêles.
au ⅓ de la grandeur naturelle.

Fernand del.

Imp. Becquet Paris.

Hipparion gracile. (Variété grêle.)

au $\frac{1}{9}$ de la grandeur naturelle.

Fig. 1.

Fig. 2.

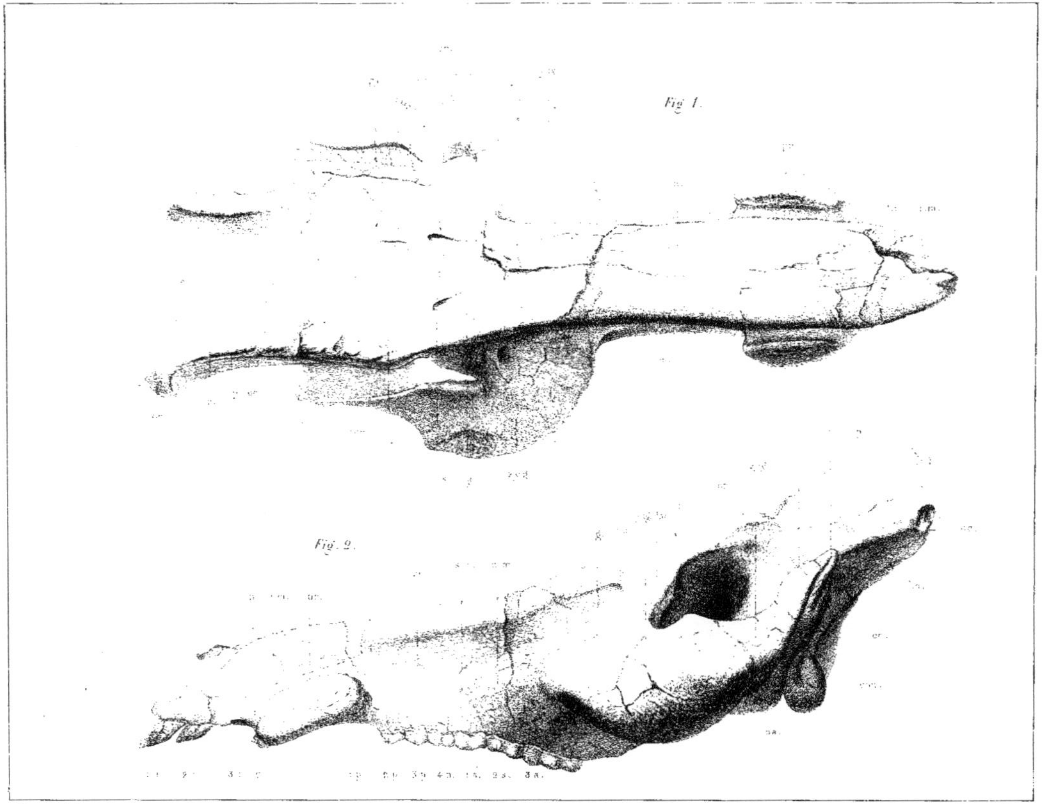

Sus erymanthius. *Roth et Wagn.*

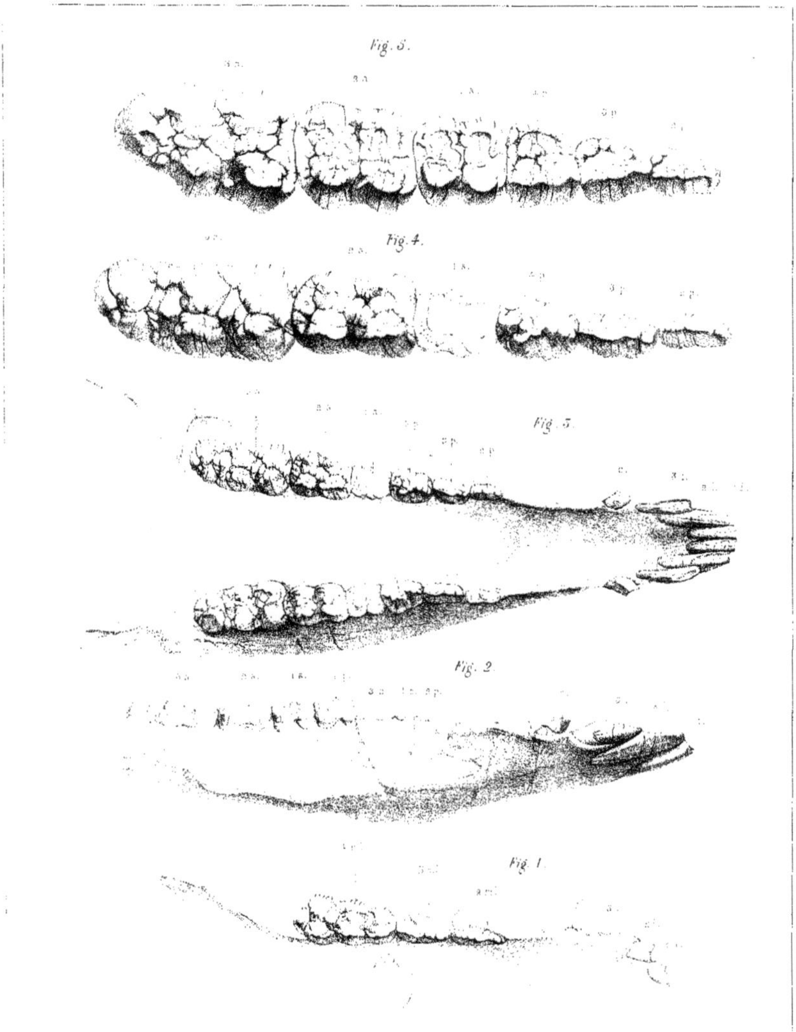

Fig. 5.
Fig. 4.
Fig. 3.
Fig. 2.
Fig. 1.

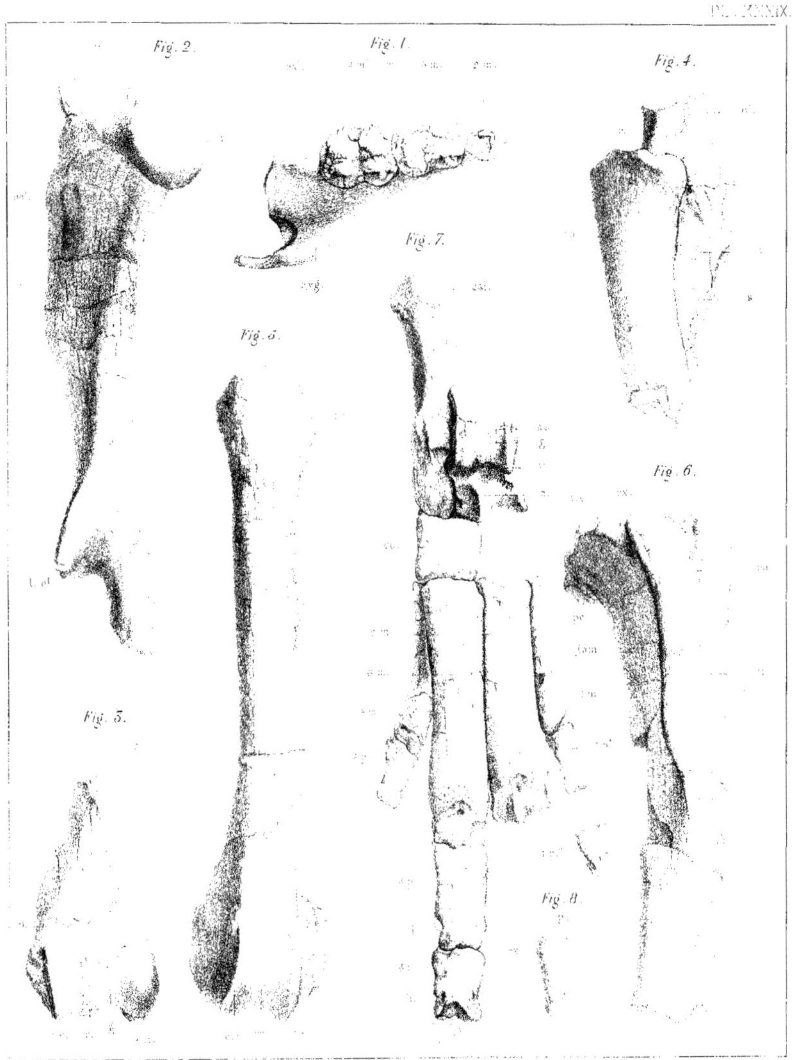

Fig. 2.
Fig. 1.
Fig. 4.
Fig. 7.
Fig. 5.
Fig. 6.
Fig. 3.
Fig. 8.

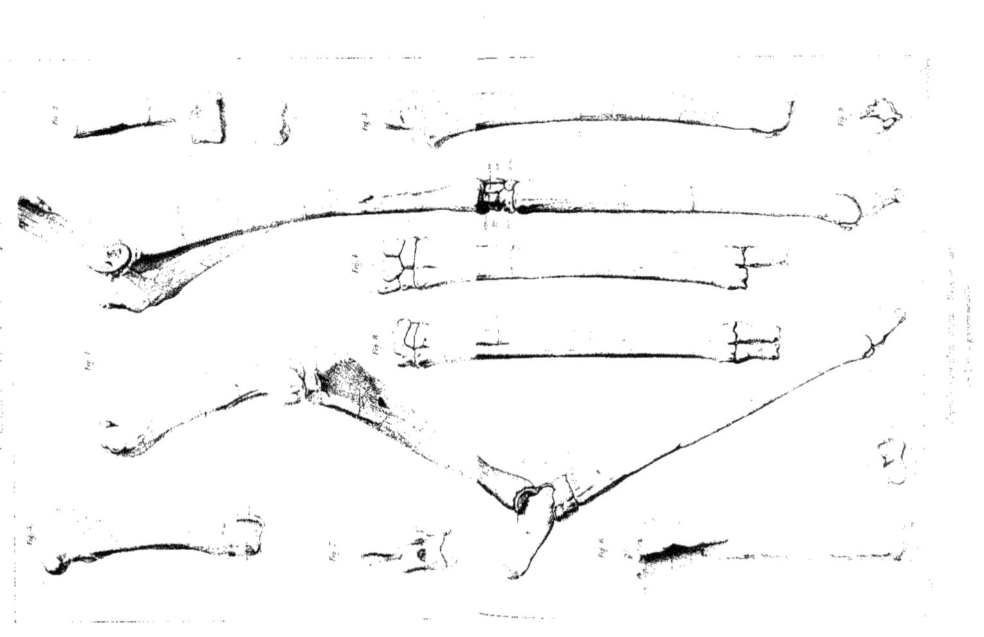

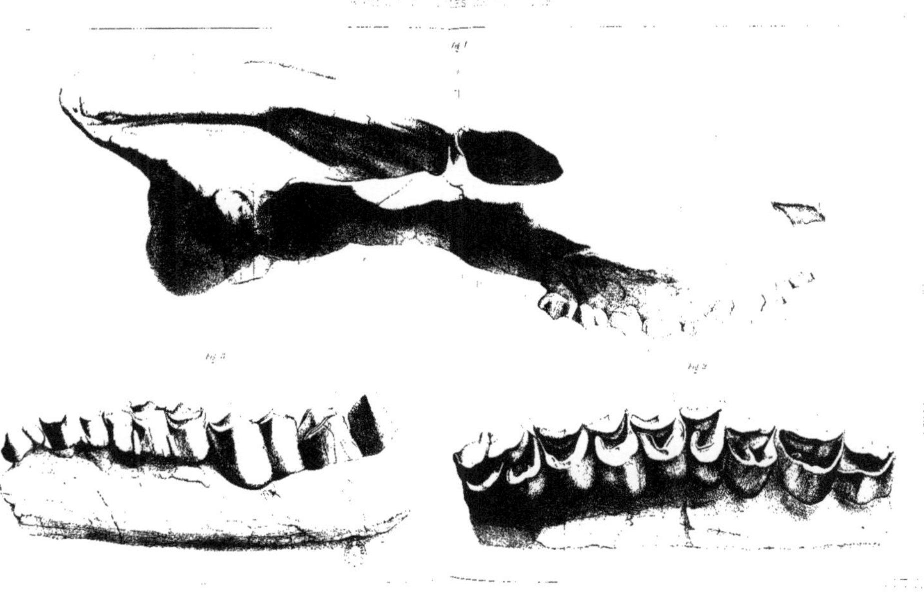

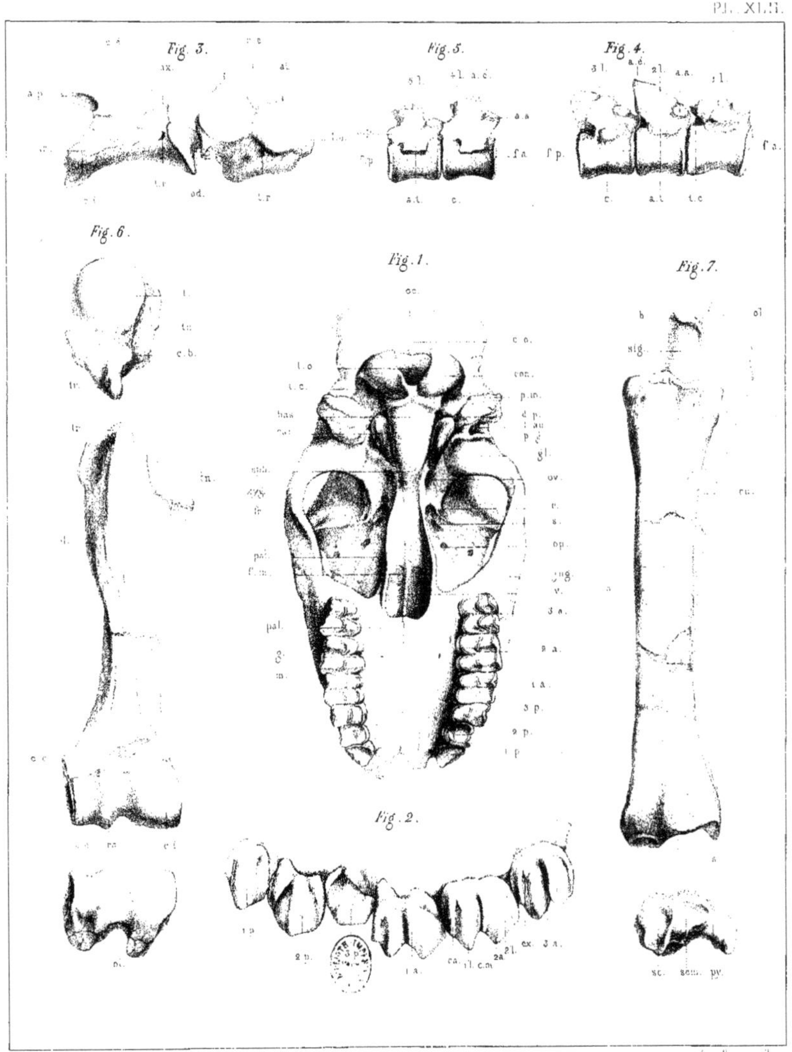

Helladotherium Duvernoyi.

La figure 2 est aux $\frac{2}{3}$ de la grandeur naturelle; les autres figures sont au $\frac{1}{3}$.

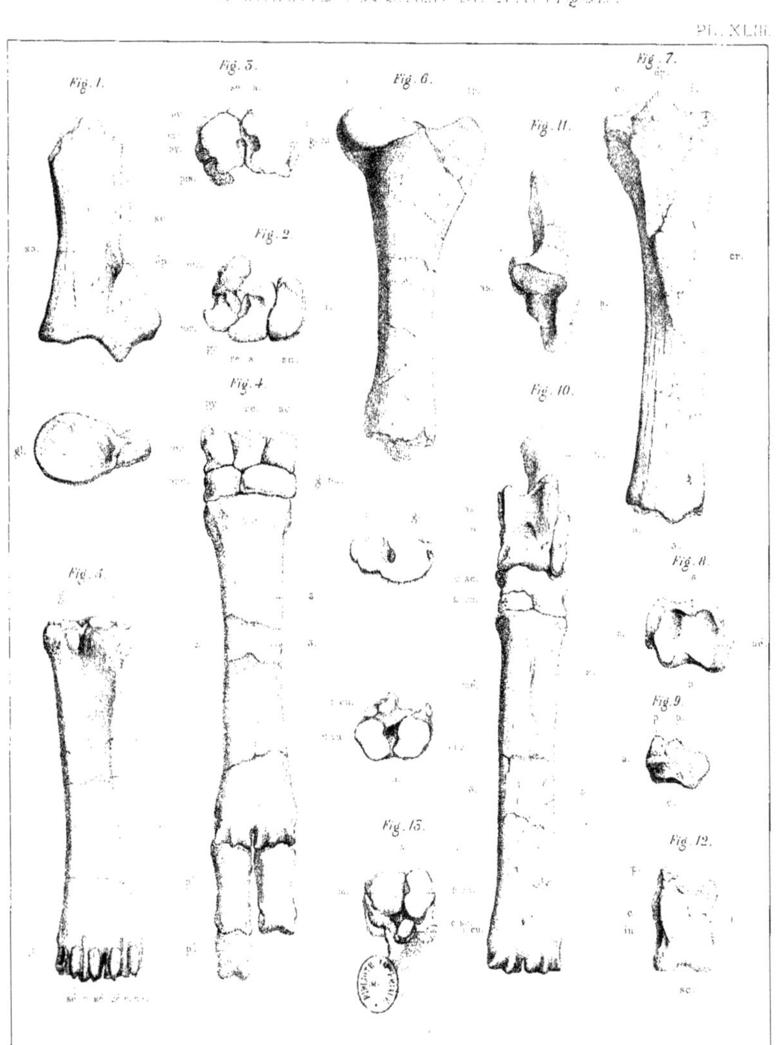

Helladotherium Duvernoyi.

Helladotherium Duvernoyi.

au $\frac{1}{14}$ de la grandeur naturelle.

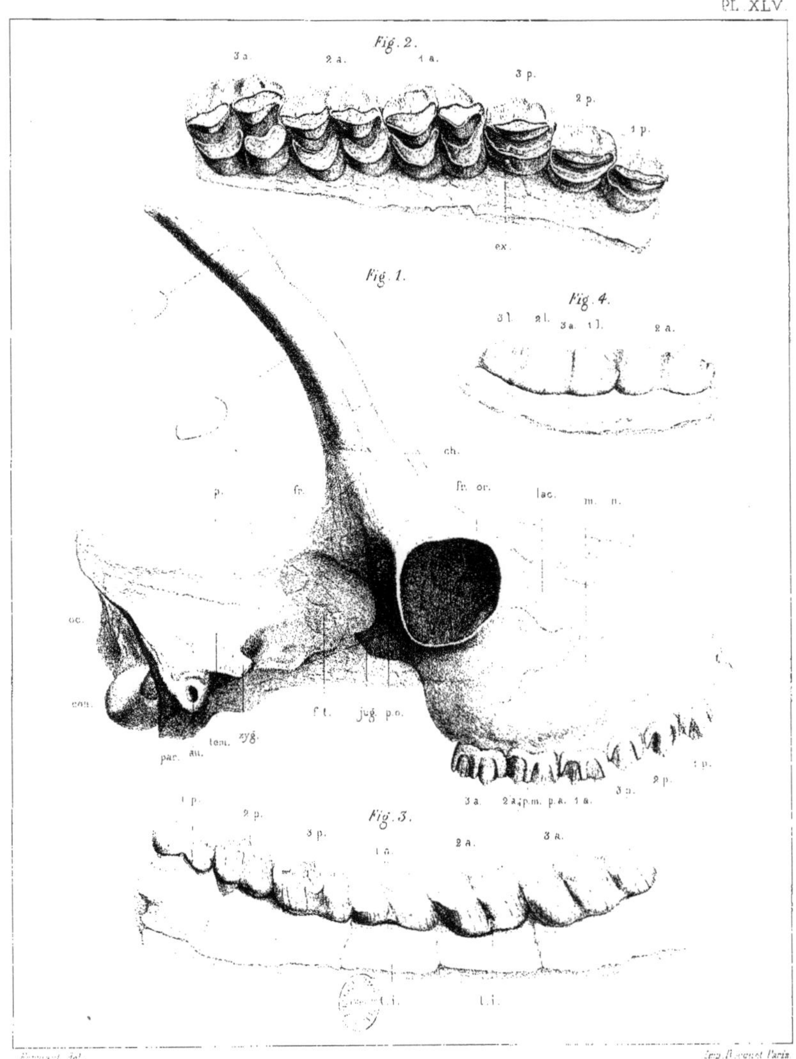

Palæotragus Roüenii. Gaud.

La figure 1 est à $\frac{1}{2}$ de la grandeur naturelle; les autres figures sont de grandeur naturelle.

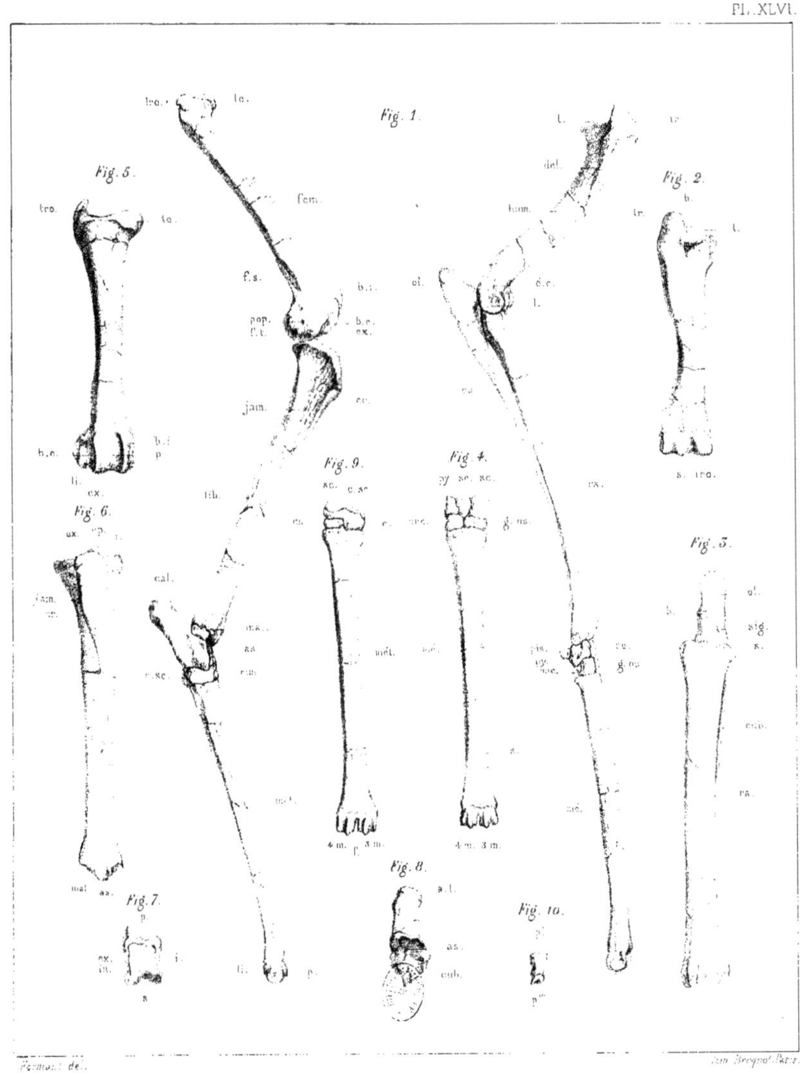

Fermont del.

Imp. Becquet Paris.

Genre ruminant dont le genre est encore indéterminé.

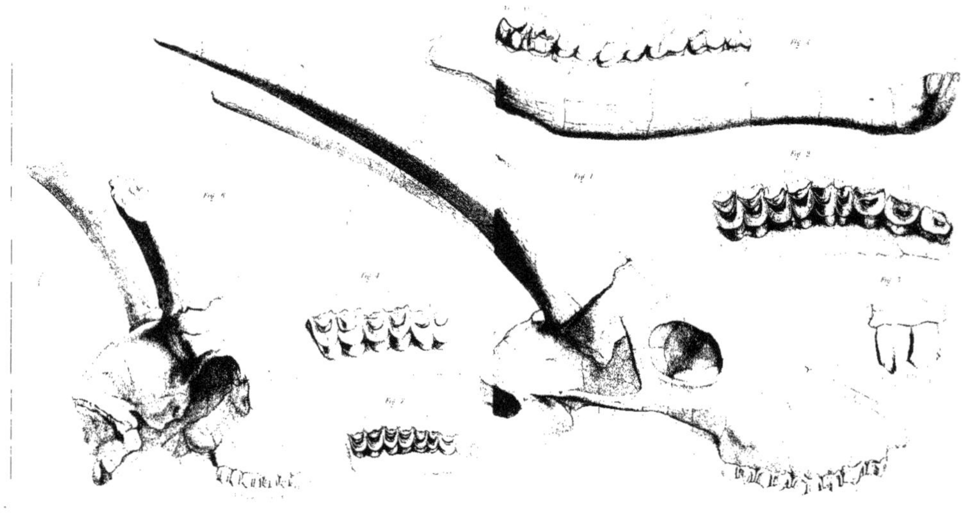

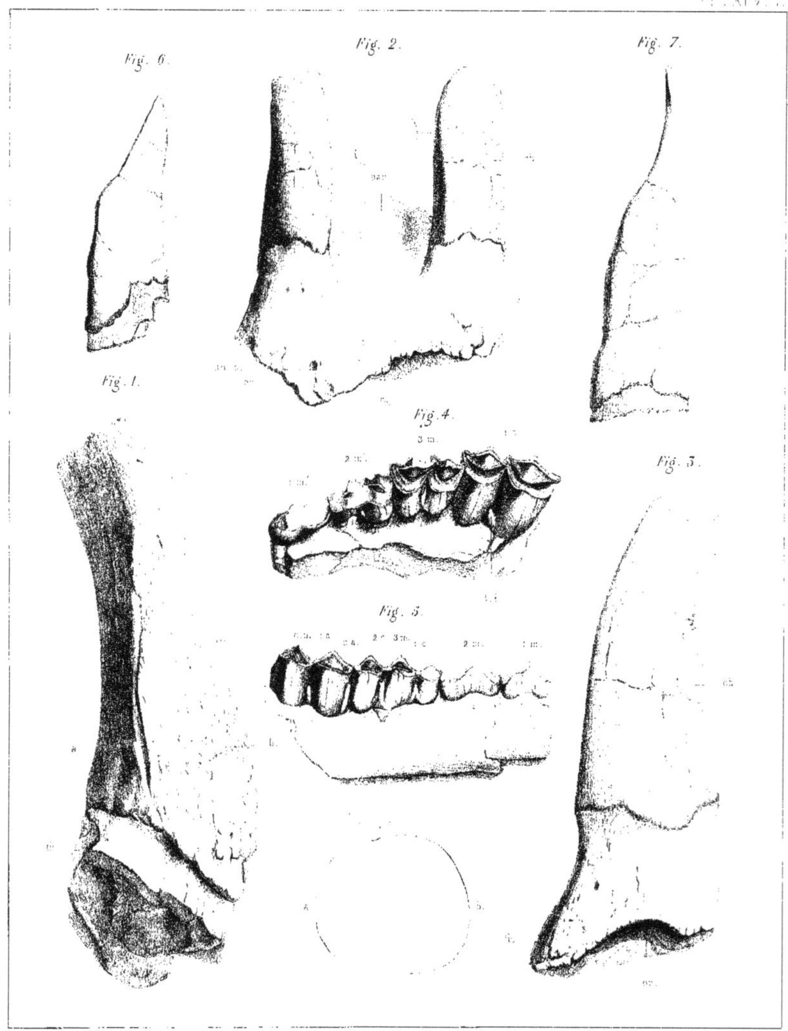

Fig. 1. — Antilope dont le genre est encore indéterminé.
Fig. 2 et 3. — Tragocerus Valenciennesi, Gaud.
Fig. 4. 5. 6. 7. — _______ amaltheus, Gaud.

Les figures 1. 2 sont aux 2/3 de la grandeur naturelle; les figures 3.4.5 sont de grandeur naturelle;
les fig. 6 et 7 sont au 2/3 de la grandeur.

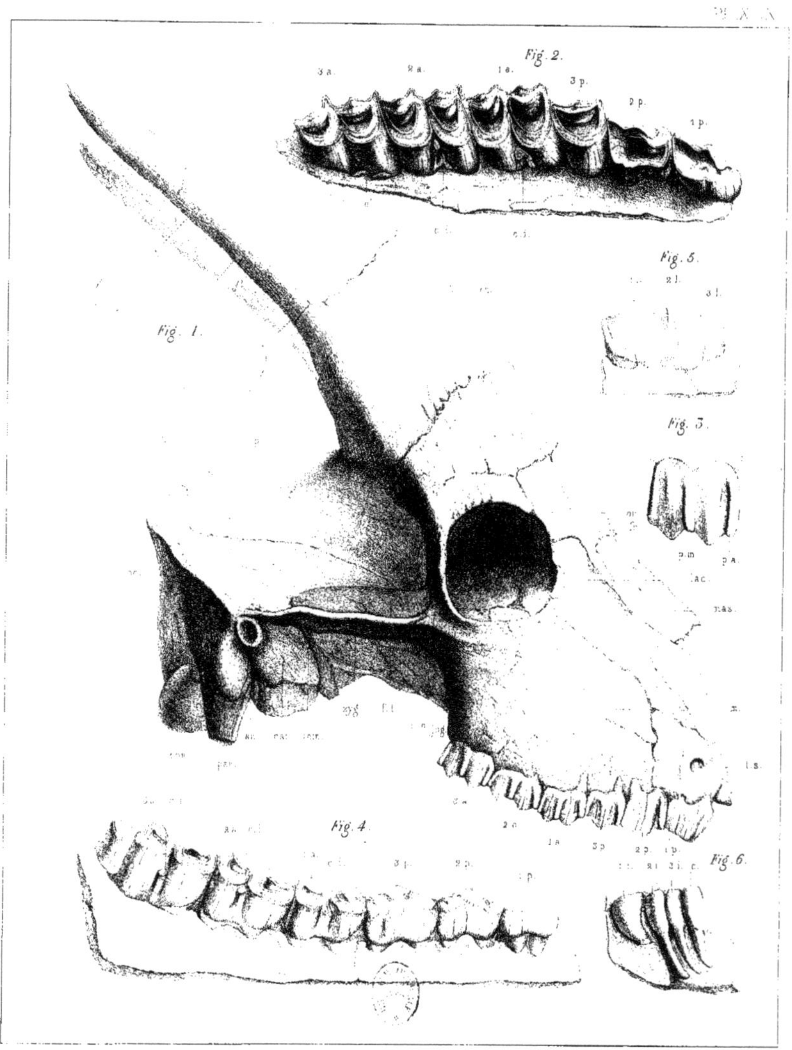

Tragoceras amaltheus.

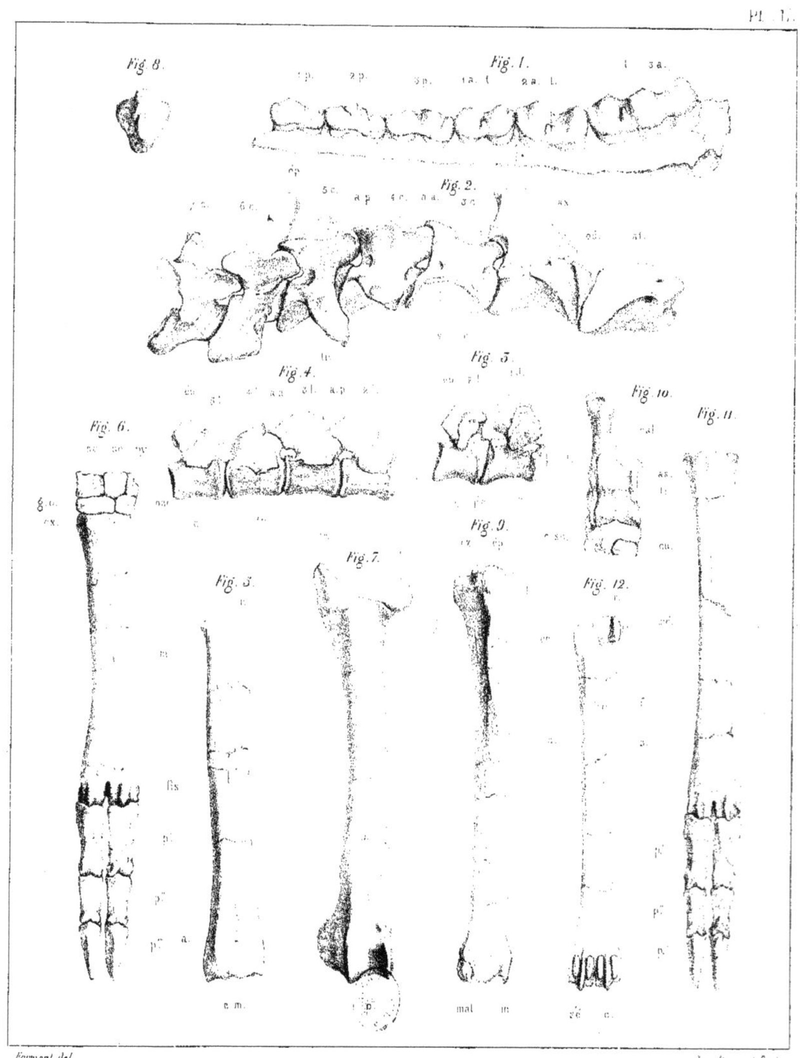

Tragocerus amaltheus.

La figure 1 est de grandeur naturelle; les autres figures sont au $\frac{1}{3}$ de la gr. nat.

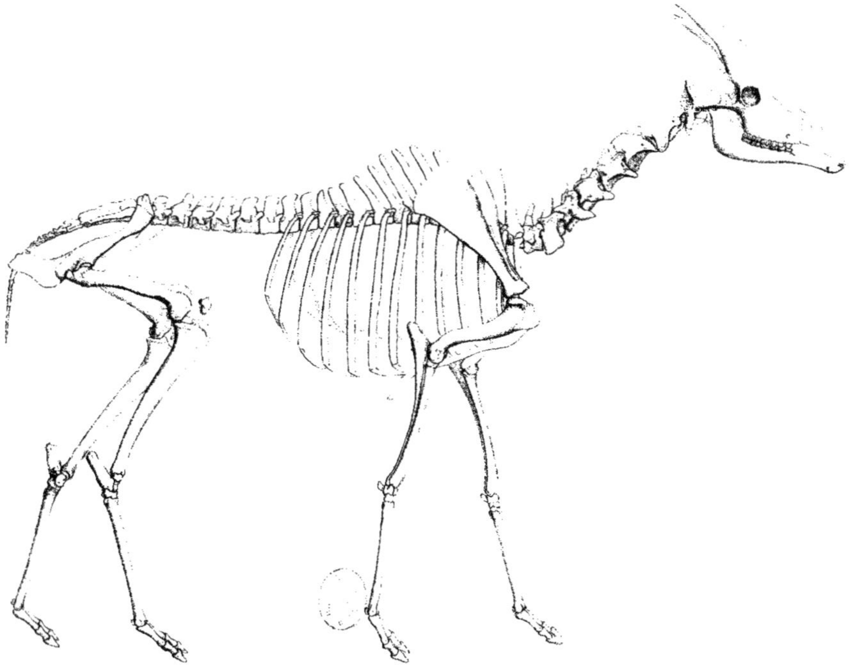

Pl. LI.

Firmant del.

Imp. Becquet, Paris.

Tragocerus amaltheus.

au $\frac{1}{8}$ de la grandeur naturelle.

PL. LII.

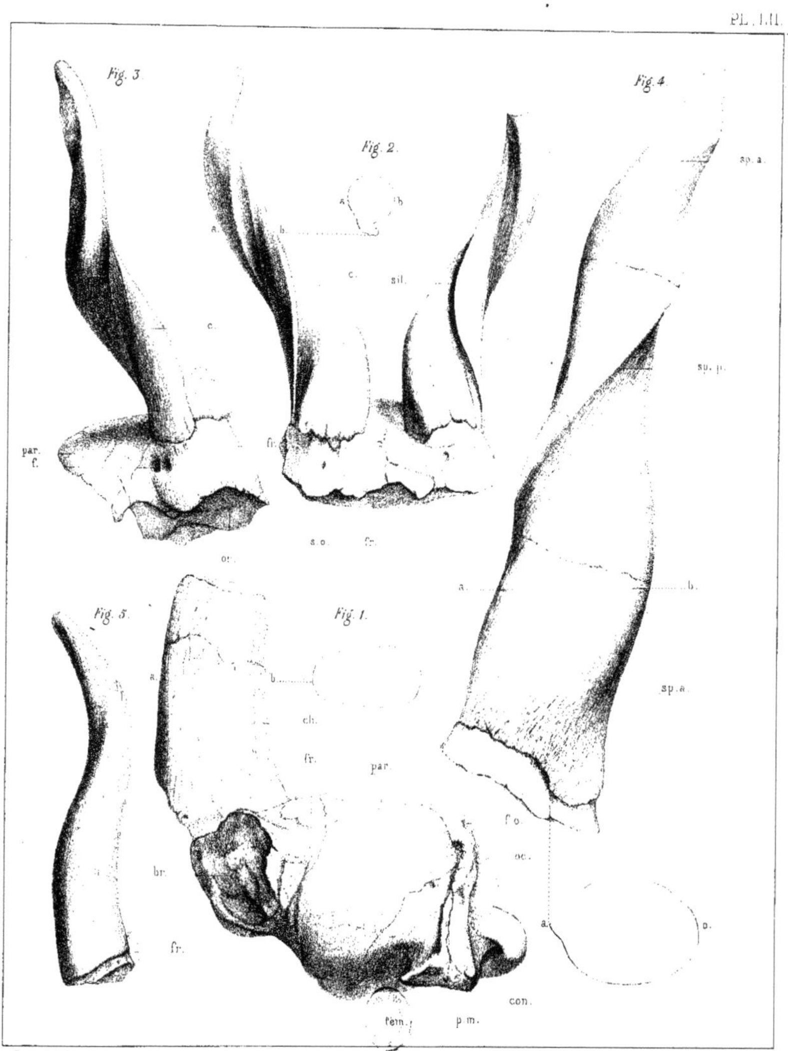

Formant del.

Imp. Becquet, Paris.

Fig. 1.   Antilope dont le genre est indéterminé.
Fig. 2. 3. Antidorcas ? Rothii. *Gaud.*
Fig. 4. 5. Palæoreas Lindermayeri. *Gaud.*

Les figures 1 et 5 sont à ⅓ de la grandeur naturelle, les figures 2 et 3 sont aux ⅔; la figure 4 est de gr. nat.

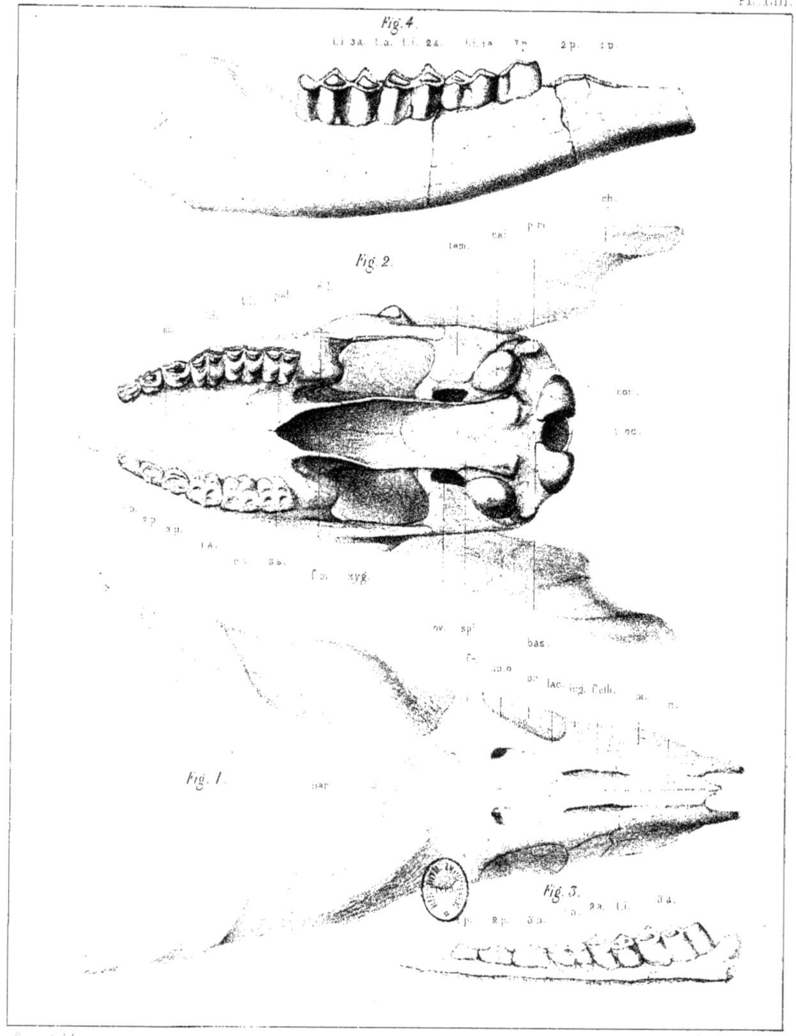

Palæoreas Lindermayeri.

La figure 1 est à ½ de la grandeur naturelle; la fig. 2 est aux ⅔; les fig. 3 et 4 sont de gr. nat.

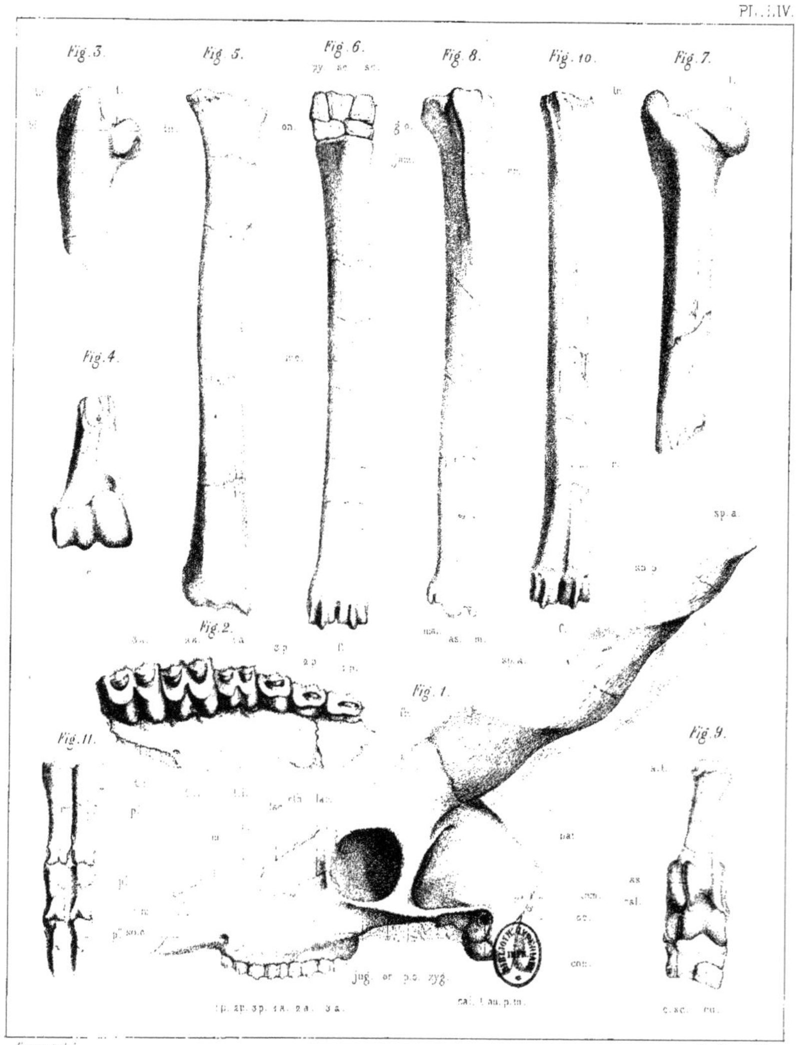

Formant del.

Imp. Becquet. Paris.

Palæoreas Lindermayeri.

La figure 1 est à $\frac{1}{2}$ de la grandeur naturelle; la figure 2 est de grandeur naturelle; la figure 8 est aux $\frac{5}{9}$; les autres figures sont aux $\frac{2}{3}$.

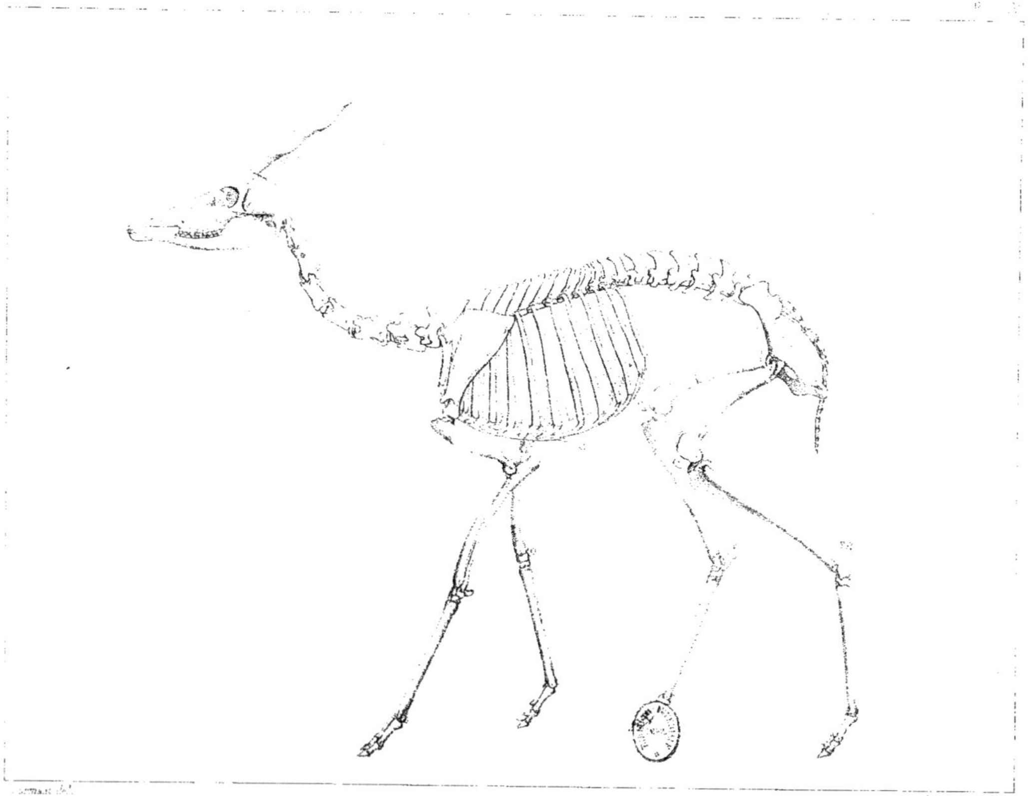

Palæoreas Lindermayeri

au ⅓ de la grandeur naturelle

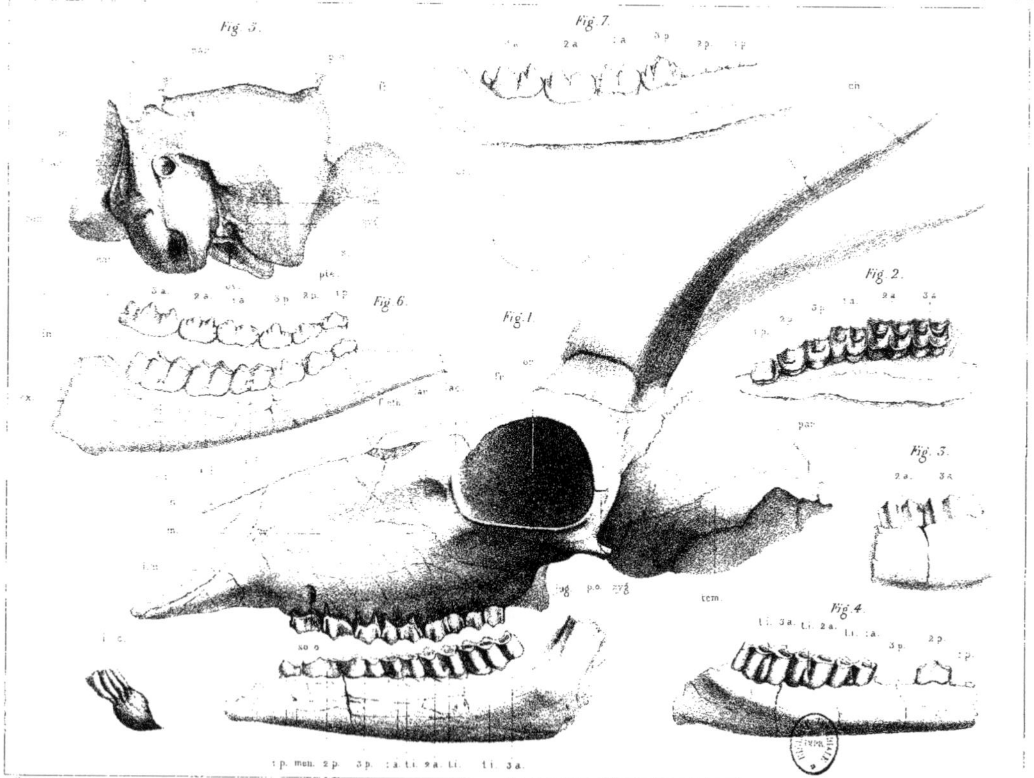

Formant del.
Imp. Becquet Paris.

Fig. 1. 2. 3. 4. Gazella brevicornis. *Gaud.*
Fig. 5. 6. Dremotherium ? Pentelici. *Gaud.*
Fig. 7. Dremotherium ? indéterminé.

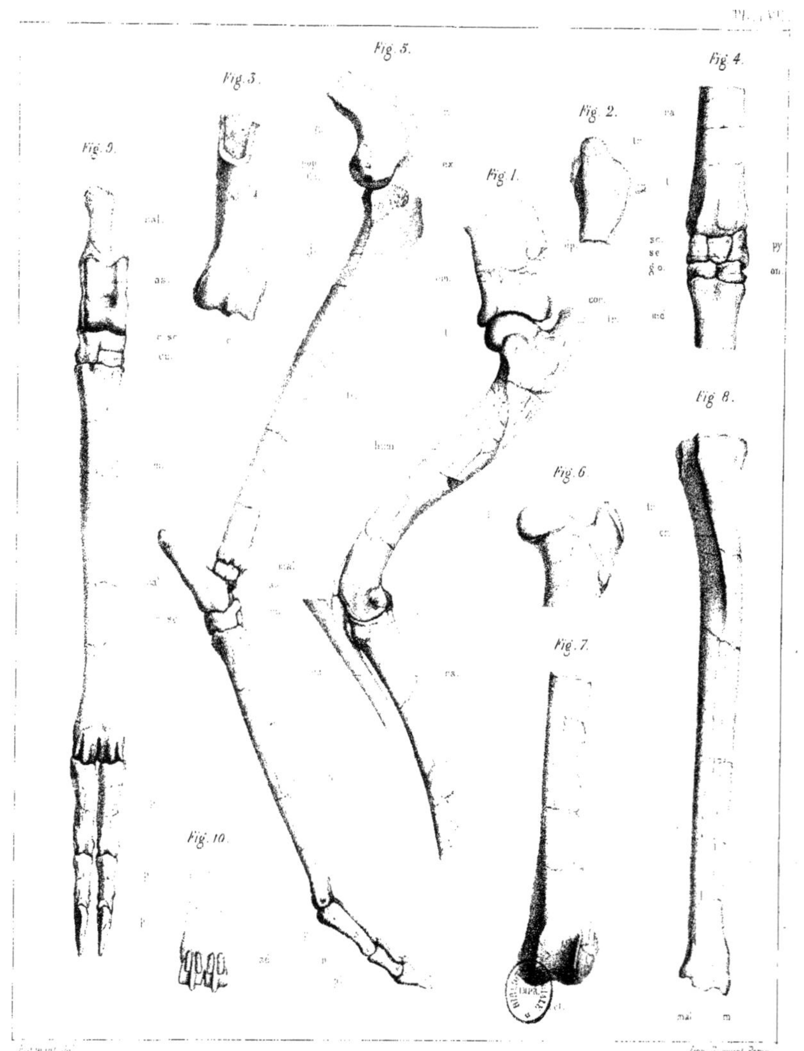

Gazella brevicornis.

La figure 5 est à ½ de la grandeur naturelle les autres figures sont aux ⅔.

PL. LVIII.

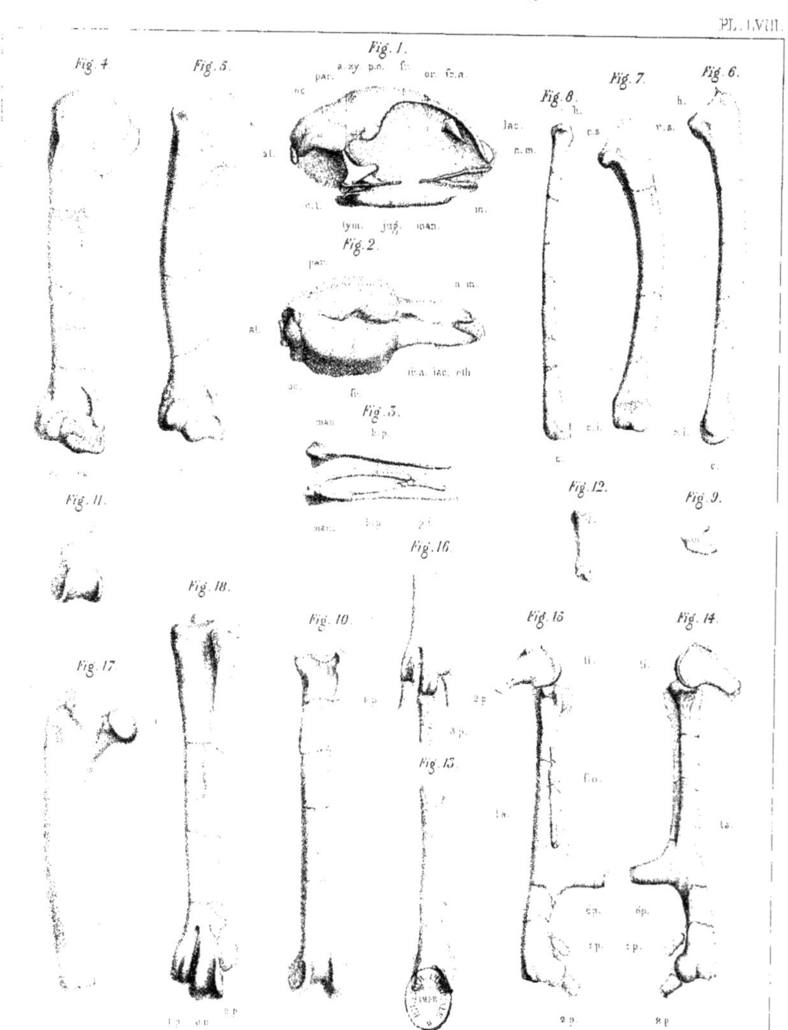

Imp. Becquet. Paris.

Fig. 1 — 12.　　Phasianus Archiaci. *Gaud.*
Fig. 13. 14. 15. 16.　Gallus Æsculapii. *Gaud.*
Fig. 17 et 18.　　Ossements d'oiseaux indéterminés.

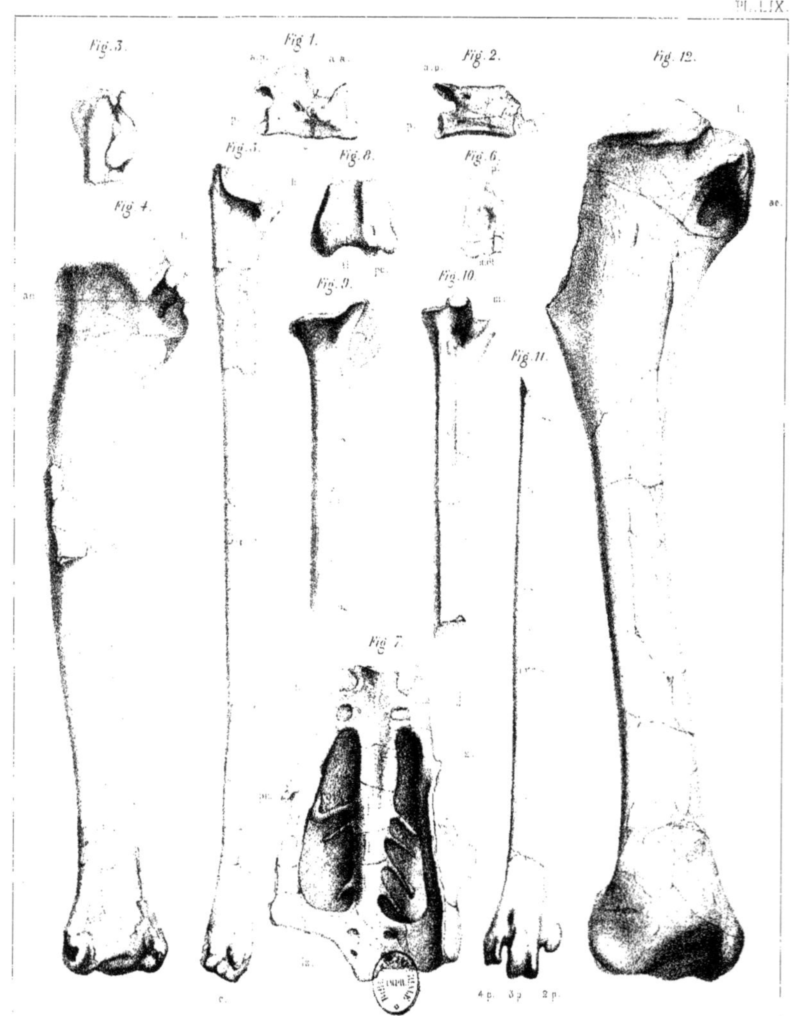

Laimant del.   Imp. Becquet, Paris.

Fig. 1 à 11.   Grus Pentelici. Gaud.
Fig. 12.   Ciconia ? d'espèce indéterminée.

Aux ⅔ de la grandeur naturelle.

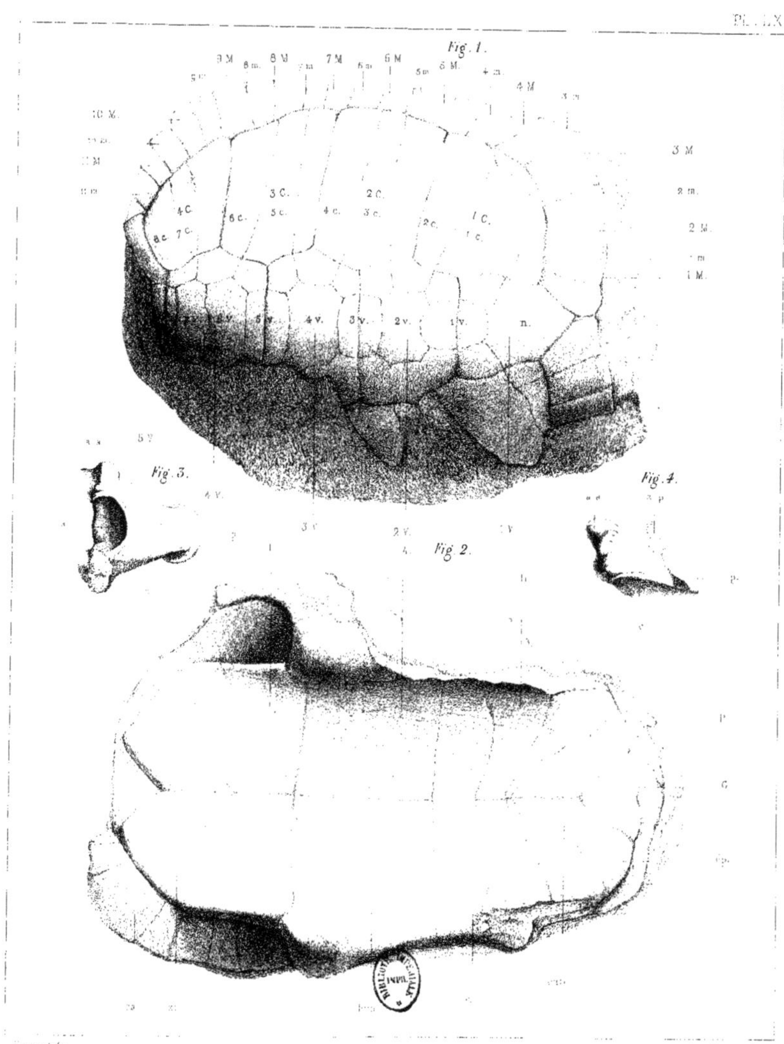

Fig. 1 et 2. Testudo marmorum.
Fig. 3 et 4. Vertèbre analogue à celles des varans.

PL. LXI.

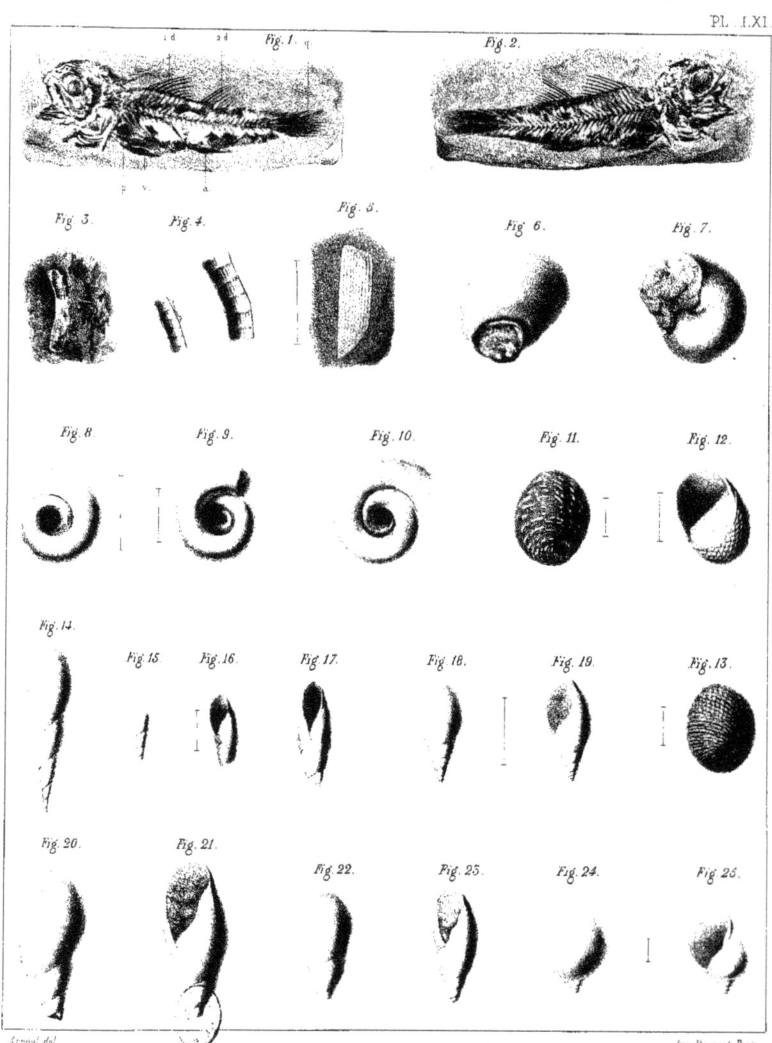

Fig. 1. 2. Smerdis Isabellæ. *Gaud.* (sp V.) _ Fig. 3. 4. Myriapode. _ Fig. 5. Élytre de coléoptère. _ Fig. 6. 7. Helix de Pikermi _
Fig. 8. 9. Planorbis Thiollieri. *Mich.* _ Fig. 10. Planorbis solidus, *Thomæ.* _ Fig. 11_13. Neritina micans, *Gaud. et Fisch.* _
Fig. 14. 17. Limnæa megarensis. *Gaud. et Fisch.* _ Fig. 18. 19. Limnæa pseudo-palustris. *d'Orb.* _ Fig. 20_23. Limnæa Forbesi. *Gaud. et Fisch.* _
Fig. 24. 25. Limnæa voisine de la L. cylindrica.

Les figures qui ne sont pas accompagnées d'une barre sont de grandeur naturelle.

Pl. LXII.

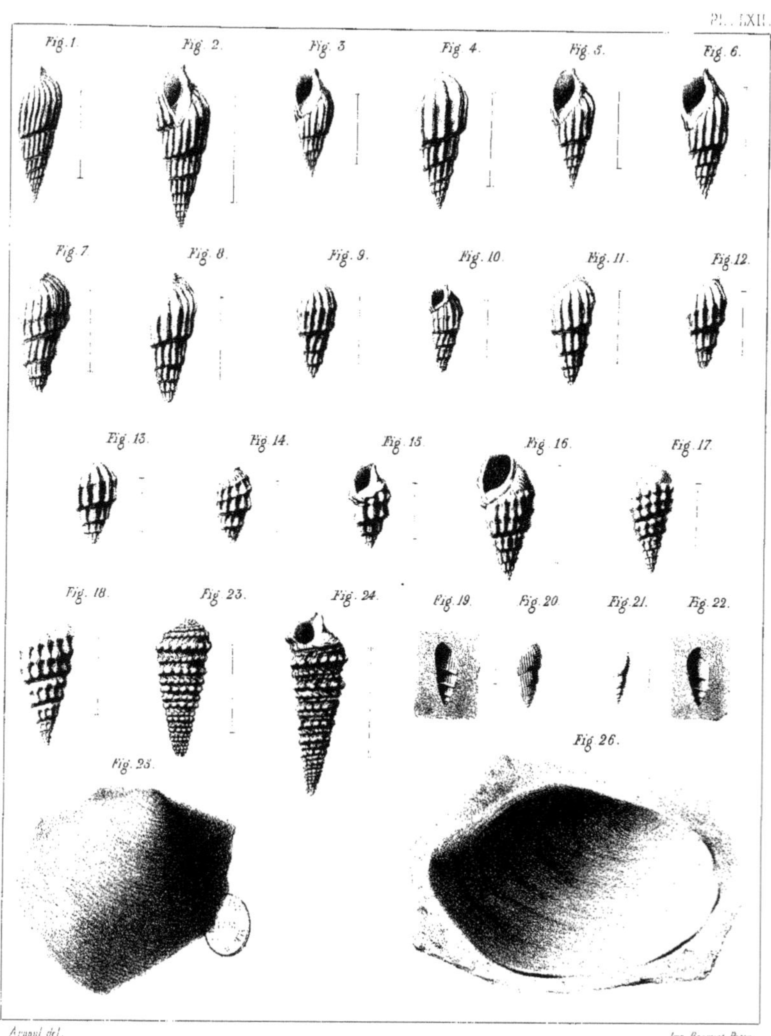

Araoul del.

Imp. Becquet Paris.

Fig. 1-6. Melanopsis anceps. *Gaud. et Fisch.* _ Fig. 7-13. M. costata. *Fer.* _ Fig. 14-18. M. Daphnes. *Gaud. et Fisch.* _
Fig. 19-20. Melania ? Hamiltoniana. *Forbes* _ Fig. 21-22. Melania. _ Fig. 23-24. Cerithium atticum. *Gaud. et Fisch.* _
Fig. 25. Alasmodonta. _ Fig. 26. Anodonta.

Pl. LXII.

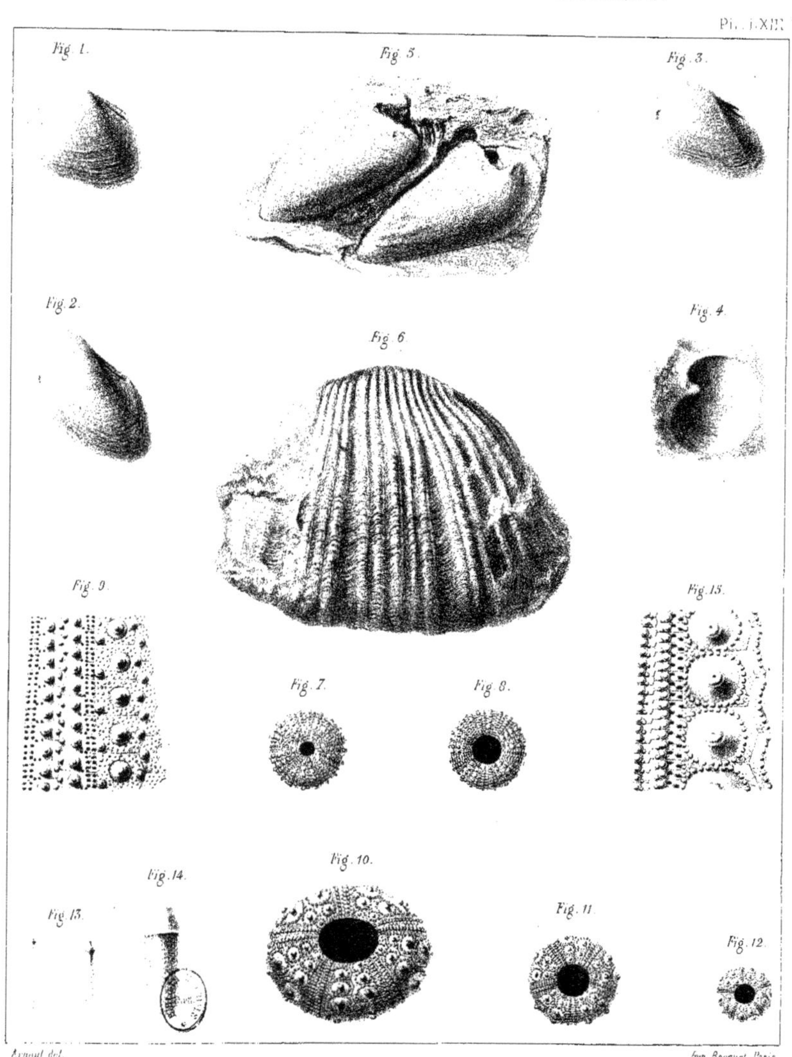

Fig. 1..4. Unio atticus. Gaud. et Fisch._Fig. 5. Unio _Fig. 6. Janira productoïdes. Gaud. et Fisch._

Fig. 7.8.9. Psammechinus mirabilis, Dosai (Variété) _Fig. 10.. 15. Cidaris meltensis, Wright.

La fig 9 est grossie 6 fois; la fig. 15 est grossie 4 fois; la fig 14 est grossie 3 fois; les autres figures
sont de grandeur naturelle

PL. LXIV

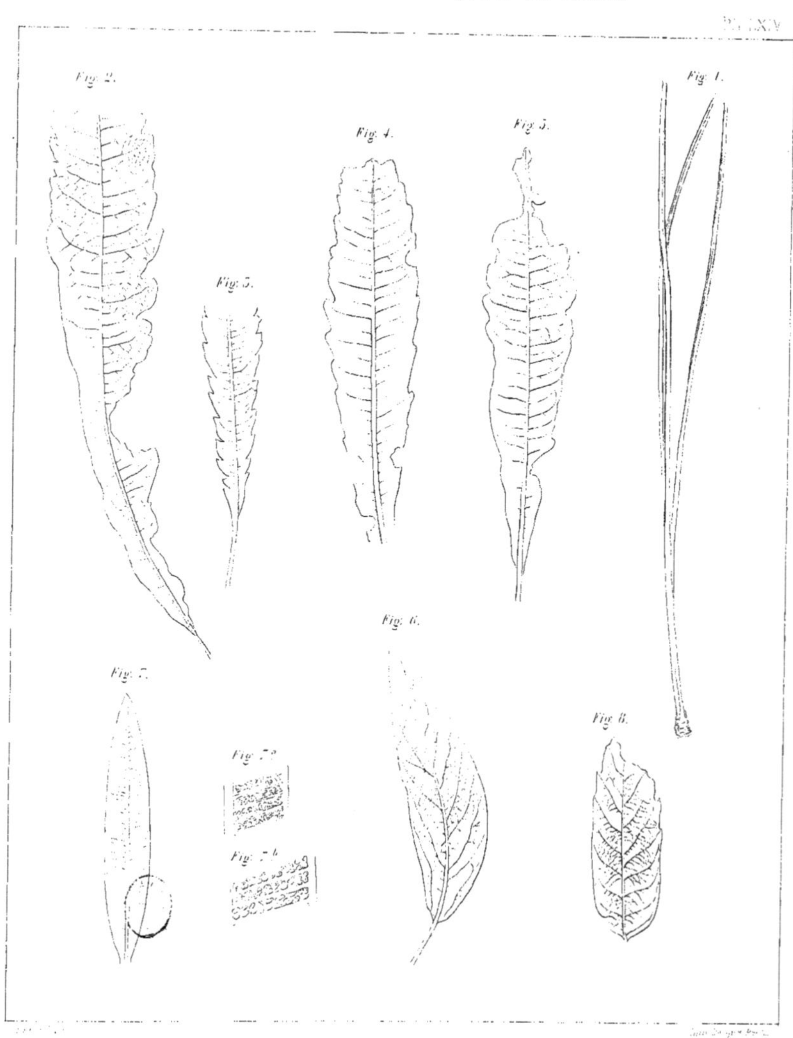

Fig. 1. . . . . . Salix . . . . Fig. 8. . . . . . Daphnogene dolphica, Ung.
Fig. 2. 3. . . . Myrica Ungeri, Heer . . . . Fig. 7. 7ª 7ᵇ Nerium Gaudryanum, A. Braun
Fig. 4. 5. 6. . . Myrica Scotia . . . . Prunus oleanderoides, Ung.

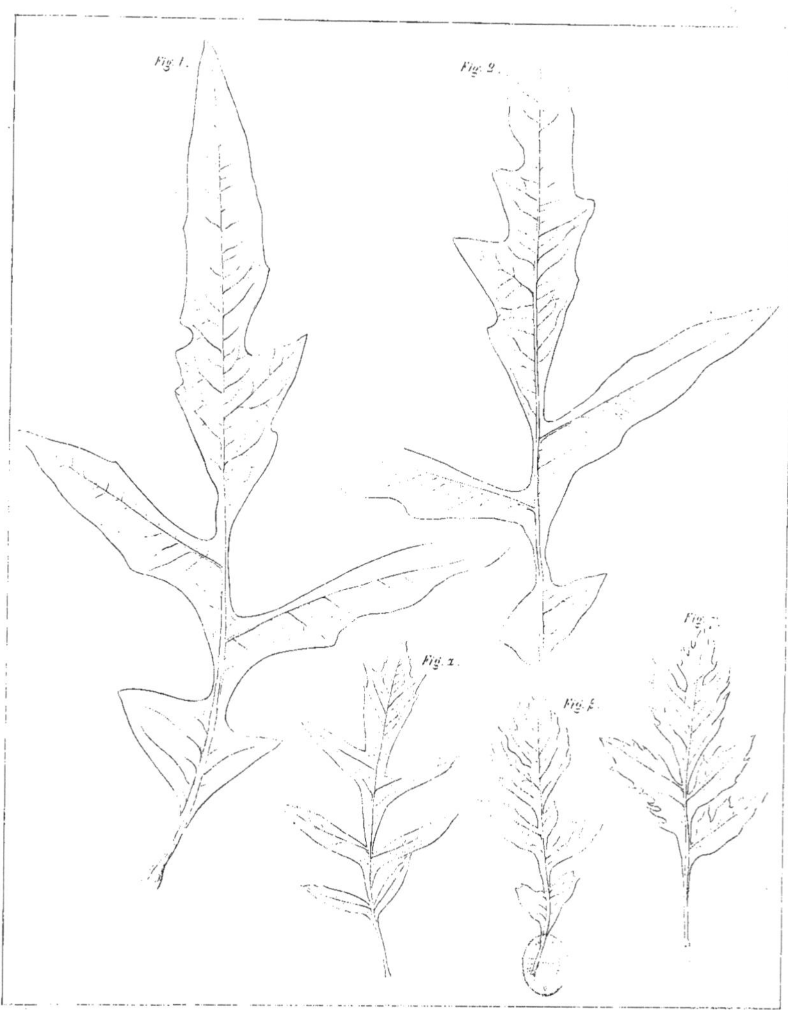

Fig. 1.
Fig. 2.
Fig. 3.
Fig. 4.
Fig. 5.

Fig. 1

Coupe longitudinale de l'Attique suivant une ligne qui passe par Athènes et Calamo.

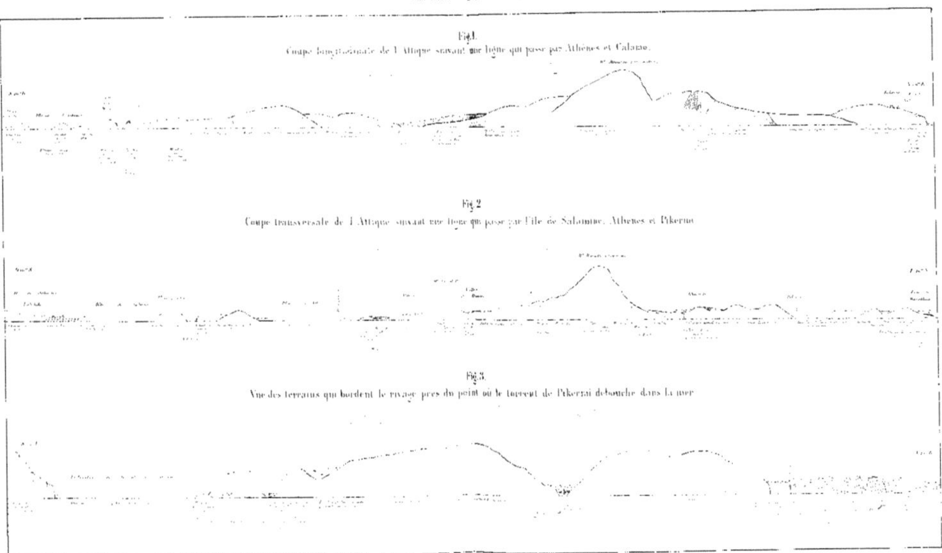

Fig. 2

Coupe transversale de l'Attique suivant une ligne qui passe par l'île de Salamine, Athènes et Pikermi

Fig. 3.

Vue des terrains qui bordent le rivage près du point où le torrent de Pikermi débouche dans la mer

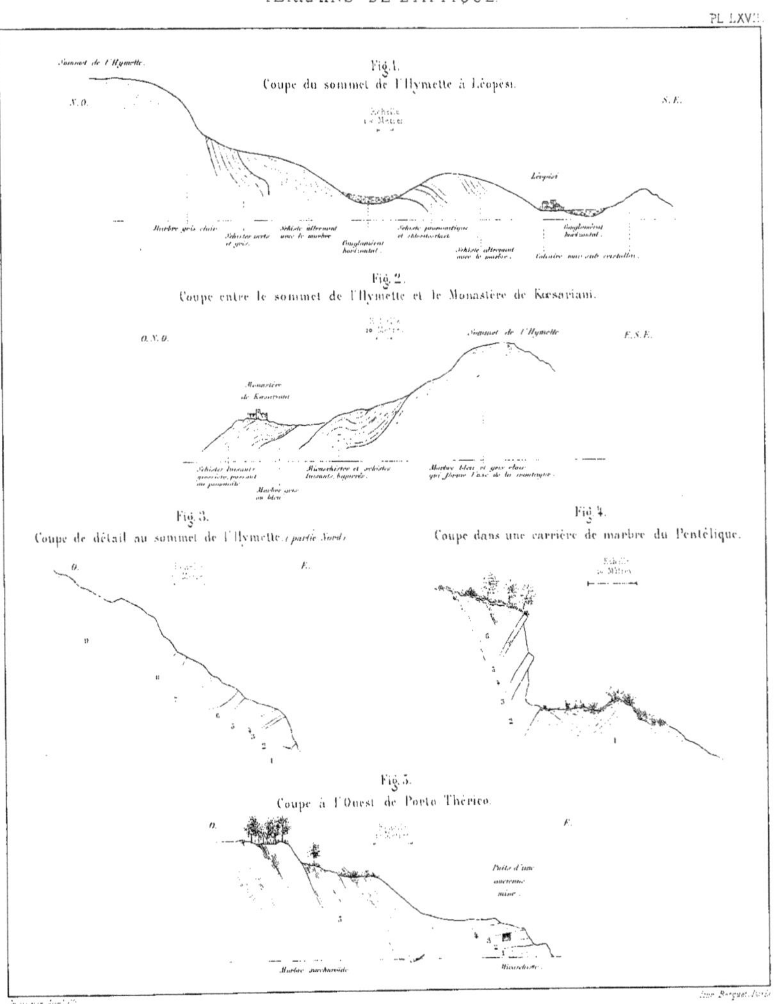

Métamorphismes régionaux.

PL. LXXX.

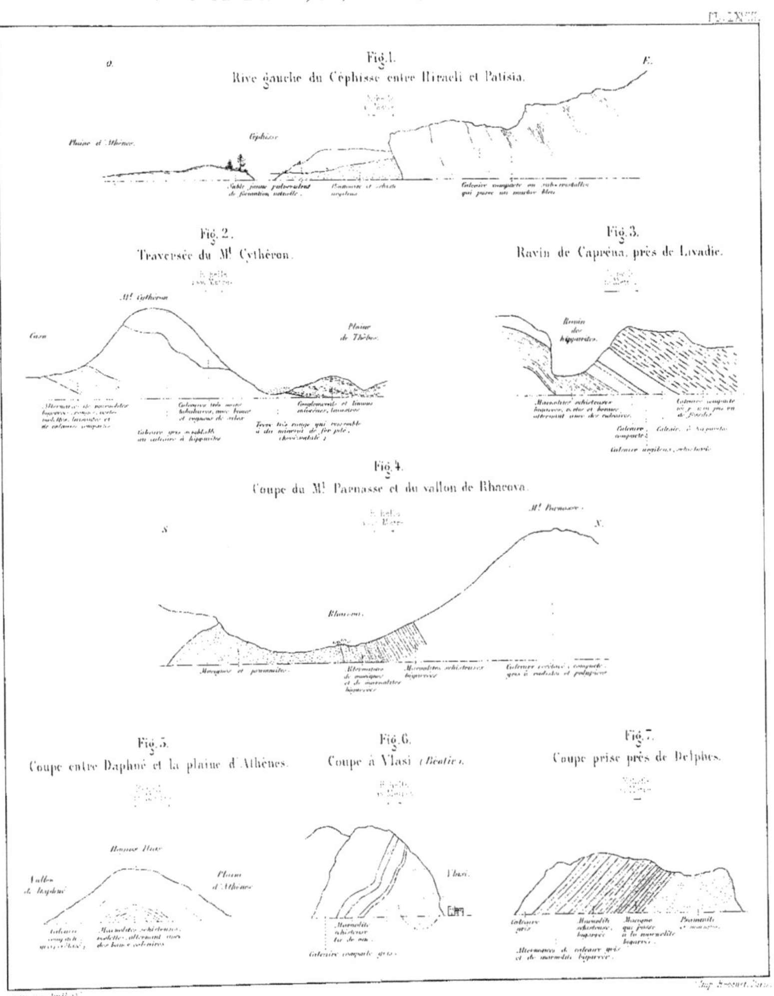

Etages des psammites, des marnolites bigarrées et des calcaires à rudistes.

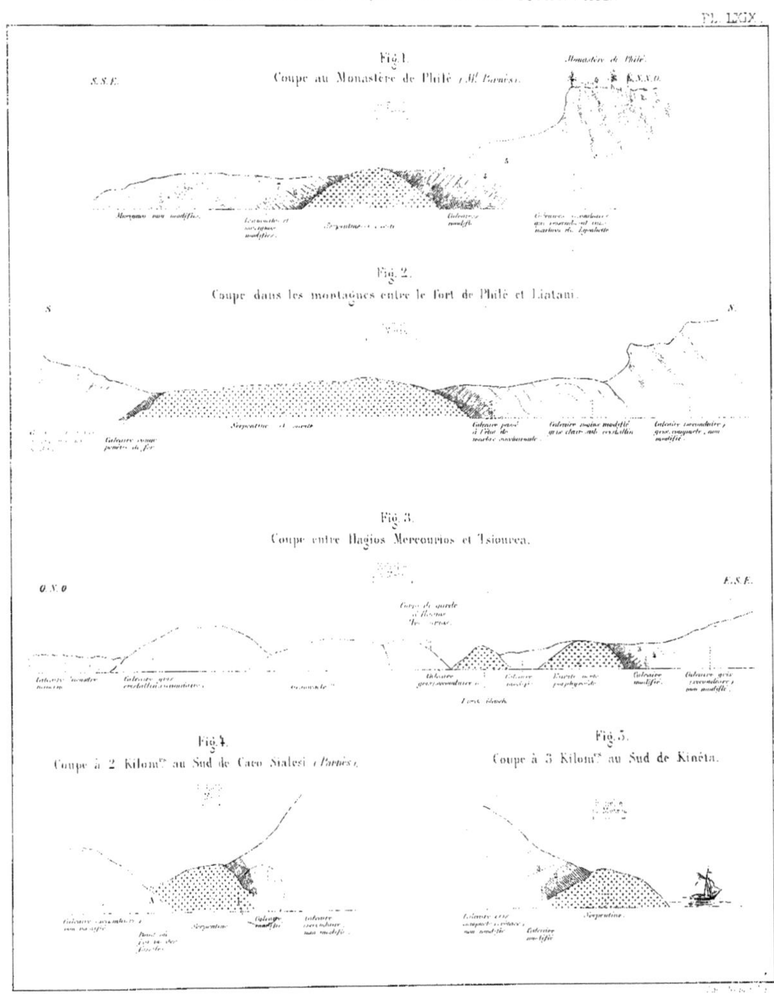

Epanchements euritiques, serpentineux et métamorphismes de juxtaposition.

PL. LXX.

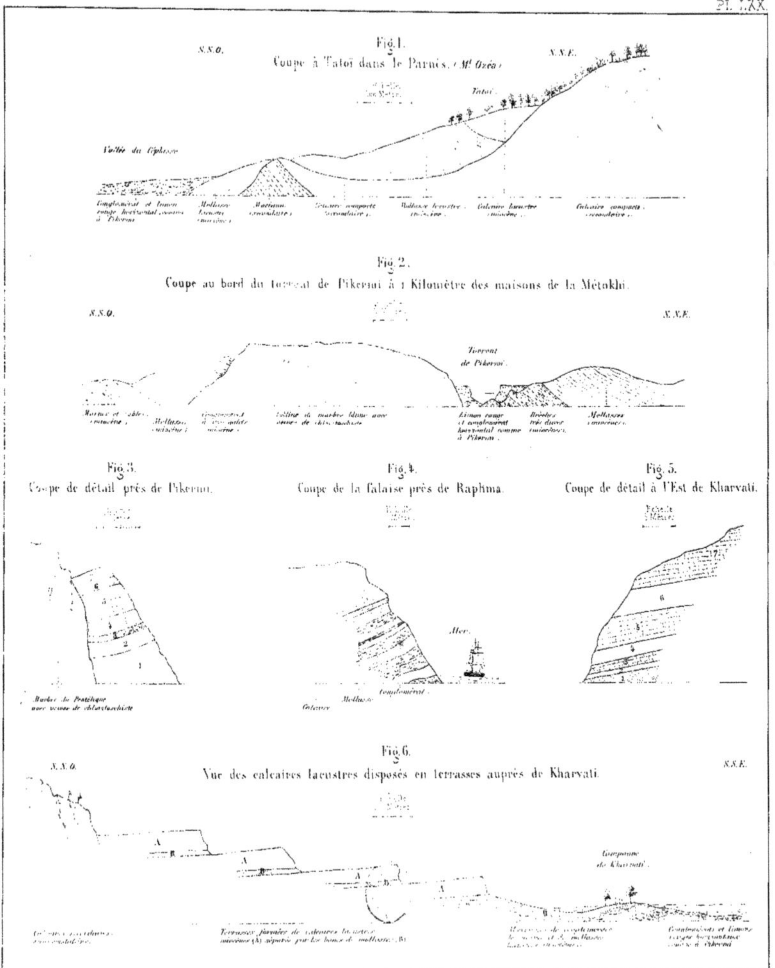

Couches miocènes lacustres.

Pl. LXXI

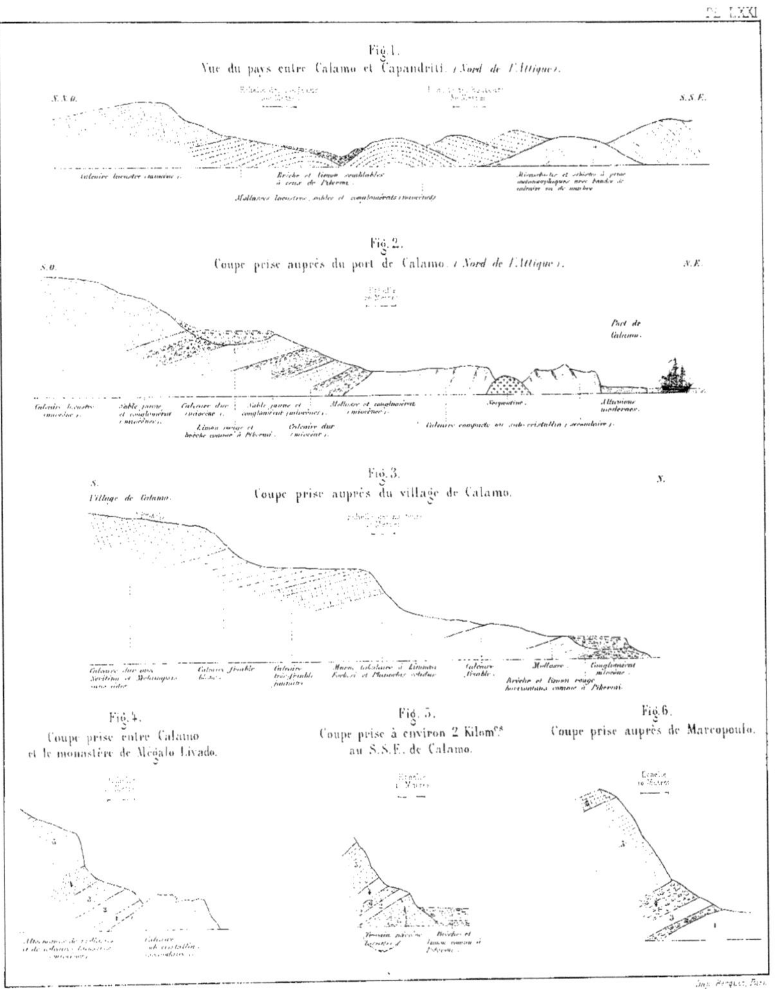

Couches miocènes lacustres.

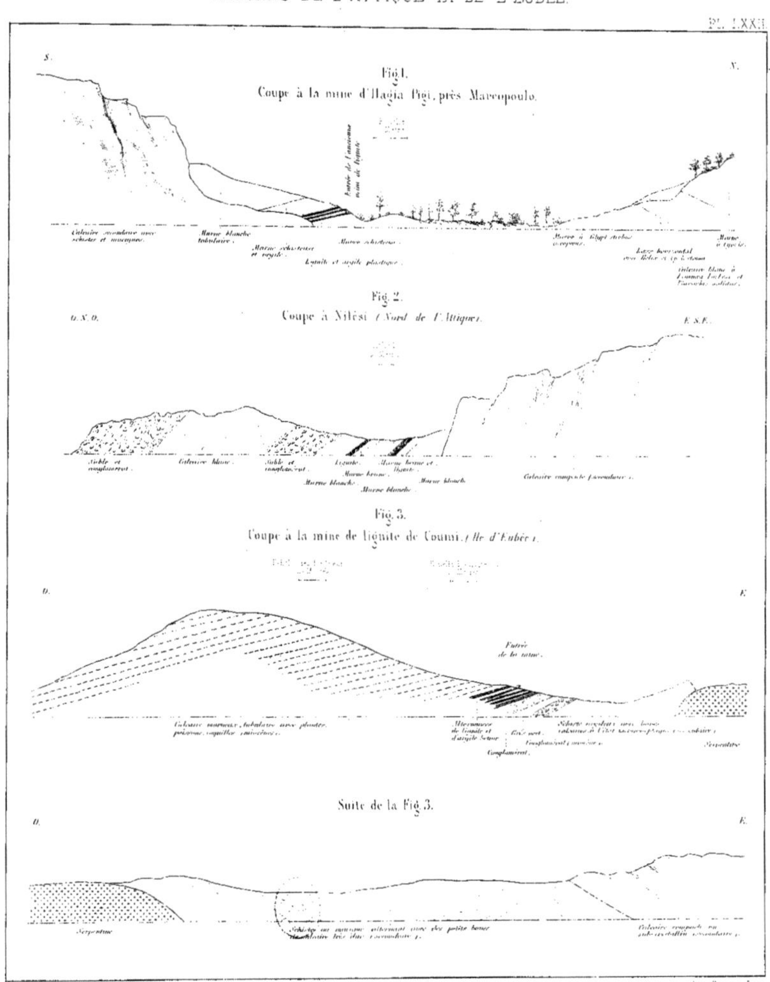

Gisemens de lignites miocènes.

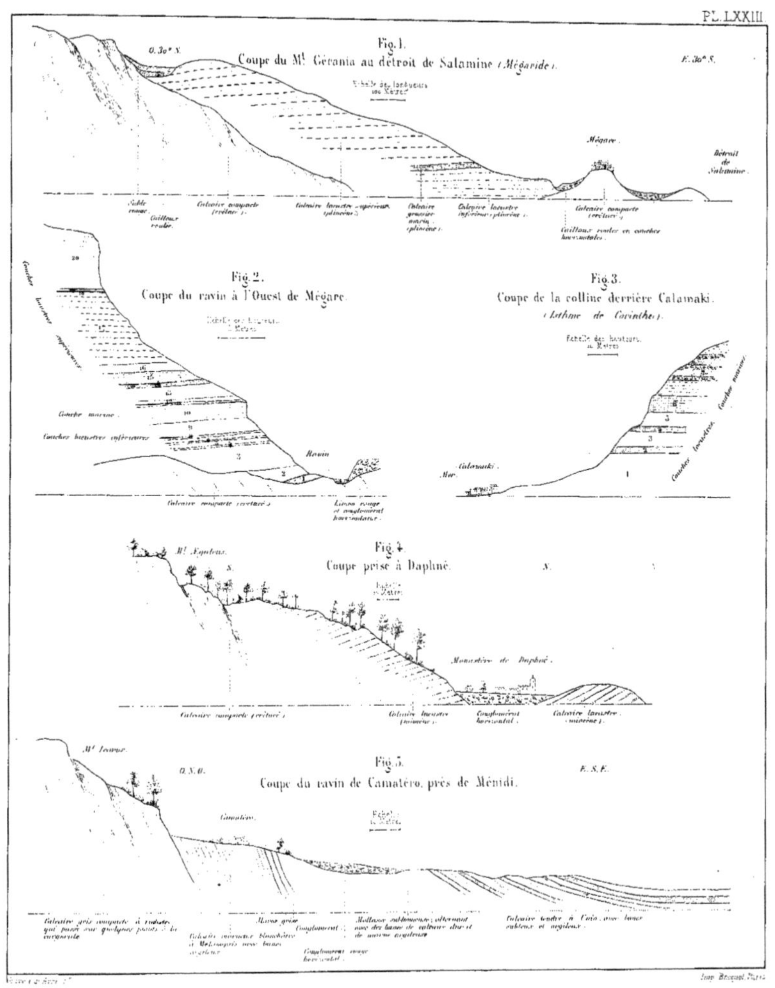

Fig. 1.2.3. Couches pliocènes lacustres de la Mégaride et de la Corinthie.
Fig. 4.5. _ Couches miocènes lacustres de l'Attique.

TERRAINS DE L'ATTIQUE.

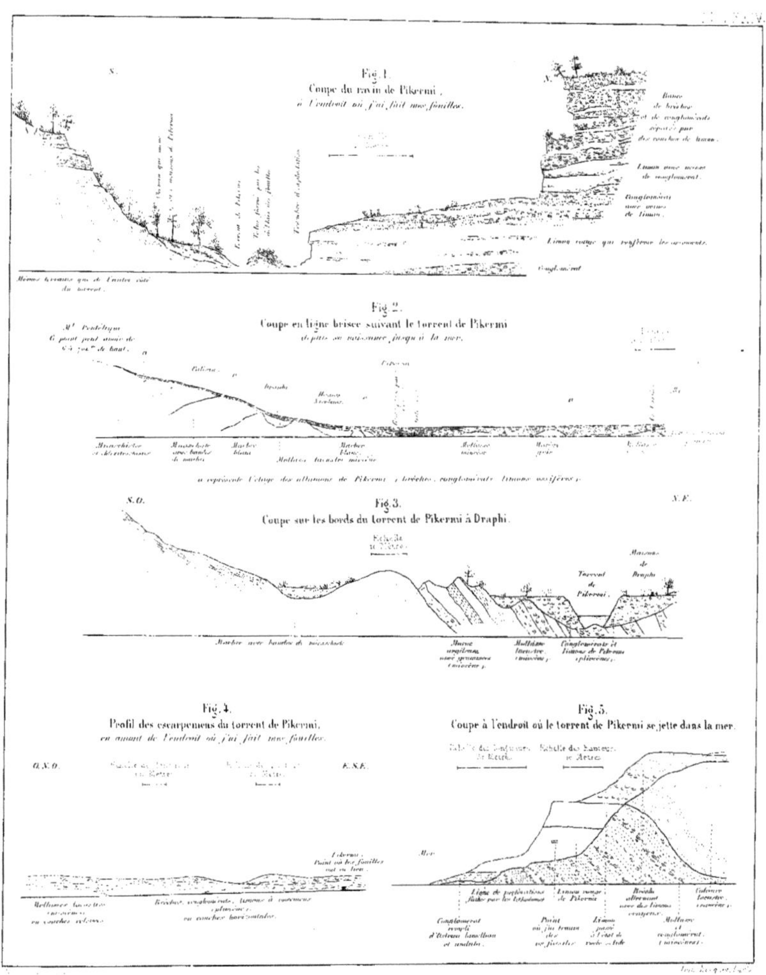

Couches à ossemens de Pikermi
(pliocènes)

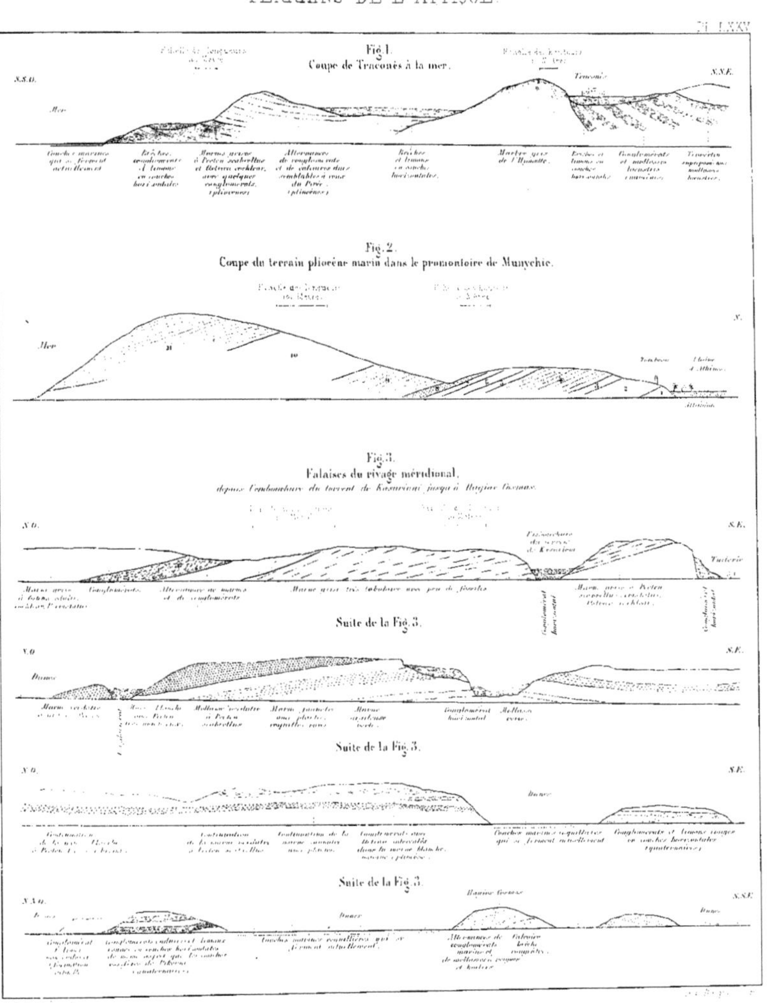

Couches pliocènes marines.

9 782329 414294